打动数亿网民的心灵能量手册

数百名国内外知名培训师联袂奉献的幸福读本

让幸福来敲门

快乐地工作，幸福地生活

曾仕强 孙小梅 感动推荐

中国式管理之父 CCTV著名节目主持人

《搜狐职场一言堂》栏目组◎著

石油工业出版社

图书在版编目（CIP）数据

让幸福来敲门：快乐地工作，幸福地生活 /《搜狐职场一言堂》栏目组著．—北京：石油工业出版社，2013.1

ISBN 978-7-5021-9356-0

Ⅰ．让…

Ⅱ．搜…

Ⅲ．成功心理－通俗读物

Ⅳ．B848.4-49

中国版本图书馆 CIP 数据核字（2012）第 260518 号

让幸福来敲门：快乐地工作，幸福地生活

《搜狐职场一言堂》栏目组　著

出版发行：石油工业出版社

（北京安定门外安华里 2 区 1 号楼　100011）

网　址：www.petropub.com.cn

编辑部：（010）64523616　64523611

营销部：（010）64523603　64255593

经　　销：全国新华书店

印　　刷：北京晨旭印刷厂

2013 年 1 月第 1 版　2013 年 1 月第 1 次印刷

710×1000 毫米　开本：1/16　印张：11

字数：160 千字

定价：28.50 元

（如出现印装质量问题，我社发行部负责调换）

嘉宾介绍

（排名不分先后）

曾仕强 »

中国式管理大师，全球华人中国式管理第一人，被称为“中国式管理之父”。现任台湾智慧大学校长，台湾交通大学教授，台湾兴国管理学院校长。

孙小梅 »

中央电视台著名节目主持人。1989 年进入中央电视台，主持《下周荧屏》、《电视你我他》等栏目，曾客串主持《天地之间》、《旋转舞台》、《音画时尚》、《荧屏诗坛》等栏目，以及台内外重大活动，深受观众喜爱。曾获“金话筒奖”、“央视十佳主持人”等。

马建强 »

商业演讲演示专家、商务演示策划教练、PPT 应用高级培训师、《搜狐职场一言堂》特聘专家。PPT 商务应用国际大赛专家委员会主任、微软办公软件大师（MASTER），被认为是国内“培训老师中最懂 PPT 的，在讲 PPT 的老师中是又最懂培训的。”

刘必荣 »

美国约翰霍普金斯大学国际政治硕士、美国维吉尼亚大学国际关系博士。台北谈判研究发展协会理事长、和风谈判学院主持人，台湾最权威的谈判学教授，谈判专著超过 10 种。

孙培俊 »

著名台籍管理讲师及销售领导教练，获颁联合国激励大使授证讲师，全美“Win-Win Selling”（双赢销售）授证讲师。

陈兆杰 »

北京大学民营经济研究院研究员，北京·朴道书院专家，《名家讲坛》栏目专家，著名文化学者。

刘　博 »

上海富德物胜股权投资管理公司董事总经理，北京中文在线股份有限公司战略管理顾问，北京信息科技大学客座教授、MBA 导师，明博智创（北京）软件公司董事长，曾任微软中国副总经理兼内地香港 OBM 部总监，曾任 IBM 大中华区战略与企业发展部总监。

朱小明 »

搜狐公司职场发展专业顾问，国家企业培训师导师，美国 LIFE SPRING、NLP 认证教练。

韩增海 »

时代光华教育集团首席讲师，中国总裁网金牌讲师，北京大学、浙江大学、海尔大学、上海交通大学特聘讲师，国家级企业培训师。

许晋 »

清华大学、北京大学、上海交通大学总裁班讲师，中国企业家协会、新世纪青年论坛、香港光华管理学院特聘高级讲师，时代光华高级认证讲师。

夏耀辉 »

香港光华管理学院特聘讲师、时代光华专家团核心成员，光华管理研究院浙商研究组成员、高级讲师。

温淑媛 »

台湾国际形象造型大师，“国际优质形象造型理念”第一人。

陈 龙»

著名管理技能培训专家与员工素质训练师，香港光华管理学院特聘员工训练讲师，PTT 培训认证讲师，中国管理培训协会会员。

李宗颐»

北京管理创新研究院执行院长；清华大学、北京大学客座教授；连续两年被职业经理资质评价培训机构评为最佳培训师。

傅杰英»

广州中医药大学教授，针灸专业医学博士，中华中医药学会中医美容专业委员会常委。

李 葳»

中华慈孝文化委员会委员，陈香梅教育公益基金副秘书长，企业情感管理高级顾问，《名家论坛》签约讲师，清华大学、北京大学特约首席情感讲师。

郭剑华»

阑格—永瀚管理顾问咨询公司执行董事，资深讲师，北京外企服务公司特约讲师。

戴晨志 »

自由作家，台湾华视新闻部记者、编译，《华视新闻杂志》执行制作，艺专、世新、空大兼任讲师。

张　斌 »

PMBOK 中文编译者，浙江大学经济学博士，清华大学 MBA 核心课程特聘讲师，浙江大学 MBA 核心课程特聘讲师。

吴娟瑜 »

华人亲子教育专家、国际演说家，美国印第安纳波里斯大学应用社会学硕士，演说场次已超过 5000 场。

陈　震 »

上海交通大学客座讲师，香港华人国际商学院领导力课程特聘教授，《赢家大讲堂》电视网络教学栏目特约讲师。

中　原 »

人文心态教练创始人，性格领导力发起人之一。

高子馨 »

《NLP 美国通用执行师》资格认证讲师，电视栏目《名家讲坛》、《职业指南》特邀讲师，《中国金融大讲堂》、《中国保险家大讲坛》特约礼仪和职业素养讲师。

王晨阳 »

传统文化学者，中国十大国学创新应用专家，国家注册高级培训师，国家二级心理咨询师，传统吴氏太极拳传承人。

序一

一日傍晚，从南京飞往广州天河的一架飞机缓缓落地，我如往常一样拖着行李奔赴下一个培训地。司机师傅早已等候多时，接上我，便往位于广州北边的从化山区驶去。天色逐渐变暗，沿途的风景一点点模糊下来，只剩下路灯一个个闪向身后。抵达酒店已近21点，与其他任何一站行程没有两样，整理教案、整理案例、整理教具、整理明天的衣装……

次日清晨，一阵清脆的鸟鸣将我闹醒，不由地起身，寻着鸟儿的欢唱走去，来到窗边，扯开巨大的窗帘，光芒瞬时倾泻满屋。推开玻璃门，走进偌大的露台，一幅仙境般的山水画卷立刻跃入眼帘。远山，层峦叠嶂，掩映在如丝般飘渺的晨霭里，近山，醉人的翠绿伸手可触，原来那醉意不仅来自景色，更来自那环绕周身的大自然的气息。

感动不已，用手机留下这画面，配上一段文字，发在微博中……这是我一天工作生活的开始，不常有，但偶尔小遇，足矣！

作为一名专职培训师，许多时间奔波在路途中，更多的时间是站在讲台上。虽说“日吐千言，不损自伤”，但内心的那份富足与幸福感只有自己才能体味：做的是自己喜欢的事情；自己创造出事业的舞台；付出可以帮助到其他人。

非常欣喜地看到《让幸福来敲门：快乐地工作，幸福地生活》与广大读者朋友见面。现在，许多人都在谈论幸福，思考自己的幸福指数，在我看来，与其在幸福的大门外漫无边际地散步，倒不如花些心思去寻找到幸福之门。

其一便是要用心去想：自己生命中的最爱是什么？在哪里？这份最爱不仅指具体的某个人，还可以是愿意倾其一生去做的事情，即便一而败、再而败都勇往直前的事业。

其二是找到那个舞台，如果不能一时到达，就要耐心等待，抑或敢于舍弃已经拥有的，自己去创造这个舞台。只有那份不懈的执著才能证明，你真的在走自己喜欢的路。

其三是我们的所作所为只有利他时，你的幸福才会是由衷的、持续的。

幸福对于我而言，就是享受这种与大家分享经验的过程。能够帮助职场上困惑于PPT幻灯片设计演示的朋友们，我非常开心。当他们通过我的课程领悟到PPT的真谛，掌握了那些原则、方法和技能再去做PPT，会变得更有效率、更容易获得听众的认可，无论这些听众是自己的领导抑或客户。每一次商务演示的成功，又推动他们获取更多的成功。这样，他们的职业生涯、人生或许就会更加成功和幸福一些。

这是我的期望与梦想，也是我在工作中获得的快乐与幸福，谨此，分享！

马建强

商务演示顾问、《培训》杂志2009年度百佳新锐培训师

序二

有爱就有未来

有朋友曾对我坦言，随着年龄的增长，他能洞悉很多事情的因果，看到某件事发生总是能想到做这件事的初衷；而自己一起心动念，也能预见到结果如何。这并不全是直觉，而是一种理性的分析，神奇的是，他的预见往往被事实清晰验证。我觉得，这是一种成熟，也是一种幸福，经历得多了，对很多事情的判断也就格外清晰、准确，好像未来的场景如此真切地出现在你眼前。

不经意回首，自《搜狐职场一言堂》栏目创办至今，已经录制了 100 期节目，为爱学习的朋友们提供了丰富的精神食粮——职场硬技能与软技能两大系统已经自成体系，邀请了 100 多位国内外知名培训师，出版了《让幸福来敲门》、《上班就是这么给力》等多种图书，《PPT 商务应用》、《项目管理》等 40 多个品种的光盘；组织了北大秋林报告厅、丽庭华苑等三五百人规模的周年庆论坛；与微软全球办公软件认证中心合作开展了三期 PPT 商务应用国际大赛；2011 年推出的新品牌栏目《商界非常道》已经上线 10 期……

《搜狐职场一言堂》的未来更是清晰可见：

它能走得更远，150 期、200 期……

它将带给我们更丰富的培训资源、文化产品；

它会参与开展更多社会活动、竞技比赛、论坛沙龙；

它也许会登上更多的媒体平台，带给我们更多的资源与影响；

……

真正预见自己的未来，天时、地利、人和，缺一不可，从自我的角度而言，其实就是对一件事情的坚持。但我们又何尝只满足于看到？还要实现！要庆贺！然而，无论是谁，通向未来的路都不可能一帆风顺，于是我想：

有没有一种力量能够让我们不受时间的摧残，永葆激情如初？

有没有一种力量能够让我们在平淡的生活中，永远品出精彩的味道？

有没有一种力量能够让我们面对未来一定会到来的别离、伤痛、老去而无所畏惧？

如果有，一定是你我心中共同的祈愿——幸福。

幸福让人产生爱的力量，

爱能承载的越过我们的想象，

爱能创造的超出我们的遐想，

它在我们行进的道路上洒满阳光，

它让我们不那么坚挺的臂膀变得格外有力量，

有幸福，就不再轻言放弃，

有爱，就不会寂寞难耐。

我们坚信，每个人都可以感受幸福，传递爱，

因为幸福，所以爱，因为有爱就有未来。

《搜狐职场一言堂》总策划、主持人　张文强

2012 年 8 月 30 日于搜狐网络大厦

使用说明

本书与你接触的其他励志书不同，当然，你可以按照一般图书的读法，随意随性地阅读，这样也可以获得一些领悟，但仅是如此就大大降低了本书对你的帮助，因为这样的阅读会让你感觉索然无味——故事似乎司空见惯、道理也好像人人都明白。

如同吃药一样，读书是有规律、有原则和注意事项的。提醒读者朋友，没有选择与没有顺序的阅读有时甚至是有害无益的，如同我们吃的药，可能每种药物都有对人体有益的成分，但如果不分彼此囫囵吞枣，或者不按顺序，结果可想而知。

这是一本你只需要读 45 天的书。

本书由三部分构成：工作减压篇、工作心态篇和工作方法篇，每部分有 15 个小节。

正确的读法是——

每天读一节。对！每天你只要读一节，你可以为这一节插上一个适合的书签，一定不要再看下面一节，既是为了保留悬念，也是对你意志力的一种锻炼。

之后的时间里要做的事情就是按照这一节的提示或者建议去思考，去行动。

第二天再读下一节，并按照上面的方法逐步进行。

第一个 15 天是第一个疗程，15 天之后，你会惊喜地发现，你的压力减轻了；

第二个 15 天是第二个疗程，15 天之后，你会惊喜地发现，你的心态改变了；

第三个 15 天是第三个疗程，15 天之后，你会惊喜地发现，你的工作轻松了。

第 46 天，你就不需要这本书了，但要保持“疗效”，还需要依照书中的提示或者建议行事。

45 天之后，你可以把本书送给你的朋友、孩子或者任何一个希望让自己的工作变得更轻松、快乐的人，把这份爱传递下去，你也将变得更快乐。

特别说明：

已经经过无数人的验证——

这本书对你一定有效，如果你相信而且按照以上的方法进行阅读，并加以实践，这本书价值连城；

这本书对你也许有效，如果你只是抱着尝试的心态、怀疑的思想和浅尝辄止的行动，这只是一本可有可无的书而已；

这本书对你一定无效，如果你根本不相信，只用批评的思想而不去行动，这本书没有任何价值。

你是自己人生命运的创造者，书本只是一个帮你思考、成长的工具，但有没有工具、用不用工具，结果是不一样的。

目录

第一篇 /快乐其实就在身边

你说人生是一场旅行，我说要注意一下补给，否则错过，有可能步履艰辛。
你说人生如一顿盛宴，我说要泡一壶普洱，解一解那积年的油腻。
你如此奔忙，想演一场人生大戏，我关心繁华落幕，有无一束光照亮你回家的路。
爱，即使深藏海底，也有被唤醒的记忆，
那里绘制着你的命运地图，等你去解谜题。

第二篇 /诚实地面对自己

无数次驻足在镜前，端详自己容颜的改变，却未必看清命运背后的变迁。

有一天，镜子问你："你是怎样的一个人？"

你如实描述着镜中的自己。

镜子笑道："你看到的只是眼前的你，而非心中的样子。把心里的那面镜子打开吧，那里能看到你的现在和未来！"

第三篇 /幸福是一种感受

人们都说向前是成功，那向后呢？

音乐有节奏才动听，画卷有层次更悦目，人生有了起伏才现苦乐之巅。

想要精彩，还是恬淡，问问自己的梦，与那现实仅在一念之间。

人间有大爱，山河有大美，人生有大梦。谁能没有梦？张爱玲说："成名要趁早。"但成功还是慢慢来得好。

每天进步一点点，人生的大梦才能实现得圆满、超然。

第一篇

快乐其实就在身边

你说人生是一场旅行，我说要注意一下补给，否则错过，有可能步履艰辛。

你说人生如一顿盛宴，我说要泡一壶普洱，解一解那积年的油腻。

你如此奔忙，想演一场人生大戏，我关心繁华落幕，有无一束光照亮你回家的路。

爱，即使深藏海底，也有被唤醒的记忆，

那里绘制着你的命运地图，等你去解谜题。

1
爱的力量

约翰和妻子珍妮在一个小镇上生活，他是铁路局的一名扳道工，工作又苦又累；妻子操持家务，偶尔去附近的花市做点杂活，以补贴家用。夫妻俩的生活虽然清贫，但却非常相爱。

一个冬天的傍晚，夫妻俩正在吃晚饭，突然响起了敲门声。珍妮打开门，看到一个快被冻僵的老头站在门外，手里提着一个菜篮。

“夫人，我今天刚搬到这里，就住在对街。您需要一些菜吗？”老人的目光落到珍妮打着补丁的围裙上，神情有些黯然了。

“要啊，”珍妮微笑着递过几个便士，“胡萝卜很新鲜呢。”

老人浑浊的声音里多了几分激动：“谢谢您了。”

关上门，珍妮轻轻地对丈夫说：“当年，我爸爸也是这样挣钱养家的。”

第二天，小镇下了很大的雪。傍晚，珍妮提着一罐热汤，踏过厚厚的积雪，敲开了对街的房门。两家很快成了好邻居。每天傍晚，当约翰家的木门响起卖菜老人笃笃的敲门声，珍妮就会捧着一碗热汤从厨房里迎出来。

圣诞节快到了，珍妮与约翰商量着从开支中省出一部分来给老人做一件棉衣："他穿得太单薄了，这么大的年纪每天出去挨冻，怎么受得了。"约翰点了点头。

珍妮终于在平安夜的前一天把棉衣赶制了出来，里面铺着厚厚的棉絮，针脚密密的。平安夜当天，珍妮还特意从花店带回一枝处理玫瑰，插在放棉衣的纸袋里，趁着老人出门卖菜，放到了他家门口。

到了傍晚，约翰家的木门又响起了熟悉的笃笃声，珍妮打开门，一边说着圣诞快乐一边快乐地打开门，这回，老人没有提着菜篮子。

"嗨，珍妮，"老人兴奋地微微摇晃着身子，"圣诞快乐！平时总是接受你们的帮助，今天我终于可以送你们礼物了。"说着，老人从身后拿出一个大纸袋，"不知哪个好心人放在我家门口的，是很不错的棉衣呢。我这把老骨头冻惯了，送给约翰穿吧，他上夜班用得着。还有，"老人略带羞涩地把一枝玫瑰递到珍妮面前，"这个给你。也是插在这纸袋里的，我淋了些水，它美得像你一样。"

珍妮的眼睛湿润了，就像那娇艳的玫瑰上晶莹的水滴。

李感快乐分享

无论是二八妙龄，抑或银发暮年，爱都是我们心底最柔软的触点，值得憧憬，令人回味。回忆过往，有多少令你感动的瞬间？这些温暖，让平淡的日子照进了光彩，裹挟着生命的年轮，去追撵梦想的车辙。或许现在的你有些许的不如意，你说那苦如山般难攀，那难似海般难越，但只要你心底存有一份爱，只要在世界的某个角落还有人在为你牵肚挂怀，你便不孤单，希望将如一轮红日出现在山巅遥望的海平面。人生如一段旅程，所有的经历与感悟都是别人无法劫掠的财富，不因富有加倍赠予，也不因贫穷而克扣嫌弃。这就是爱，异常公平，别样精彩。

爱是人类共同的语言，一句我爱你，西方人一生不知要说多少遍，而含蓄的东方人却难以启齿，便将其幻化为情。我们终其一生最在意、最享受的不过一个“情”字，亲情、友情、爱情，缺失哪一个，我们的人生都将不再完整，这情不限于男女之间的小爱，而是指人生中的大爱，爱国情感，民族情感，宗教情感，无不囊括其中。

情感，是生命中最大的内驱力。我们每天忙忙碌碌无非围着两个主题：一个事业，一个情感。人们为什么想成功，想获取更多财富？就是要证明自己的价值，要与生命中最爱的人分享，给他们带来一份快乐。我经常给清华、北大的总裁班讲企业的情感管理，也给单身的朋友讲怎样走近婚姻。我发现，大到企业管理，小到个人情绪管理，都异曲同工。家和万事兴，人和事业旺。很多家庭稳定的人，事业也超常稳定。他们的内心有一种力量，驱使着他为所爱的人去奋斗。

利益的驱使让很多人敢以身试法，而情感的力量却能让人以命相磨。情在中国人的心里最重，“问世间情为何物，只叫人生死相许”。我们常说：“人生得一知己足矣。”何为知己？就是彼此相爱，读得懂对方。扪心自问，夫妻之间，亲子之间，同事之间，所有在你身边的重要的人，是否都能读懂彼此。心底有爱是善根，付出关爱是给自己修造福田。爱的联结点多了，幸福指数就会上升，这样的生命才有质量。

世界上什么最有力量？不是飞机大炮、军舰航母，而是心底的那份爱。爱家人朋友，爱阳光雨露，爱草木花香。有了爱的照拂，便不再迷失方向，一切的付出、努力、奋斗，都有了砥砺心神的力量。

文强幸福感言

爱如光，照进现实与梦想，拒绝爱，犹如遮挡了太阳。将爱的能力释放到我们生命中的各个阶段各个角落，你会发现你的人生品质将有很大的改观。

你是否有爱的能力

一年冬天，有个年轻人新买了一只漂亮的杯子。

有一天，杯子对主人说：“我很寂寞，给我点水吧。”

主人回答：“好吧，拥有了你想要的水，你就不寂寞了吗？”

杯子若有所思：“应该是吧。”

主人往杯子里倒了些开水，水很热。杯子感到自己快被融化了，心想：“这就是爱情的力量吧。”

慢慢地，水变温了，杯子感觉很舒服：“这就是生活的感觉吧。”

过了几个小时，水已经变凉了，杯子很害怕，具体怕什么他也不知道，心想：“这就是失去的滋味吧。”

时间慢慢流逝，水彻底凉透了，杯子异常绝望：“也许这就是缘分的杰作吧。”

杯子大喊：“主人，快把水倒出去吧，我不需要了。”

主人外出未归，杯子心里非常压抑：“可恶的水，冰凉的，放在心里感觉好难受。”

他有些歇斯底里，奋力摇晃起来，杯子倒在了桌子上，水从里面洒了出来。那一刹那，杯子好开心。

突然，杯子从桌子上滚下来，掉在了地上，摔得粉碎，这时，杯子才发现，原来在他心里的每一个角落都有水的痕迹。

李感快乐分享

一杯水的时光已经沧海桑田，犹如人的一生，经历了诸多情感。她曾爱得炽热，爱得温婉，爱得冷漠，爱得决然，哪怕粉身碎骨，也要追寻爱的真谛。爱有温度，人人冷暖自知。爱如魔咒，千百年来牵扯着我们人类的心神，即便用生命来呵护，用一生去等待。

没有人能剥夺我们爱与被爱的权力。爱与被爱都不难，难的是彼此相爱，比彼此相爱更难的是把这份爱保留和延续下来。如果说亲人之间的爱有血缘关系的维系，友人之间的爱有共同经历与情趣的滋养，那么恋人之间的爱用什么来构筑呢？很多朋友结婚时彼此相爱，真心希望“执子之手，与子偕老”，为何最终劳燕分飞？

有爱的愿望，不一定有爱的能力。很多单身女性向我诉苦：“李老师，我现在着急找对象，您能不能帮我？”于是，我问她：“假如在某个场合碰到了心仪的另一半，你能不能保证把这种爱维系下去？”人们总是习惯把失去爱的责任推给对方：“我是真诚的，他不真诚没办法。”你对对方不了解、不认知，还有抱怨，久而久之岂不成了所谓的“怨妇”？很多人对感情的执著与付出令人钦佩，但往往是想当然用自己的模式给予对方。对方不予接纳，你当然会受伤害。爱心泛滥者盲目付出，居心叵测者贪婪索取，两情相悦而不得法者，相互折磨，痛苦不堪。这都是爱无能，爱无力的表现。有的人接连受伤害，最后连爱的勇气都没有，甚至对婚姻都产生恐惧：“大家的婚姻都是那么一种状况，我也好不了，算了吧。”

爱的能力并非与生俱来，需要我们去学习，去体悟。沟通也是一种爱的能力。爱一个人，想传达一份爱的信息，一定要用对方的语言。这样，才能在爱别人的同时，获取别人对你的爱。如同和一个两三岁的孩子沟通，一定要用孩子的语言，而且，想表达你的爱，一定要知道对方需要什么。所以，在付出的同时，不妨问问自己，这是对方需要的吗？他能否都读懂你爱的讯息？

文强幸福感言

爱需要勇气，更需要能力。沟通也是一种爱的能力。用对方的语言沟通，才能发出准确的爱的讯息。

3
心与心的沟通

从前，在一个小岛上居住着“快乐”、“爱”、“悲伤”、“学识”等很多成员。有一天，有消息说小岛上会发生地震，整座岛可能要沉入海底，于是大家纷纷造船逃离。但是，“爱”不为所动，她想坚守到最后一刻。

地震真的来了，整个岛屿在慢慢往下沉，当它快被海水吞没时，“爱”决定寻求帮助。

“财富”乘着一艘豪华游艇从“爱”的身旁驶过。“爱”大声呼喊：“‘财富’，你能把我带上吗？”“财富”回答：“不行不行。我的船上有好多的金银财宝，没你的地方。”

“爱”决定问问“虚荣”，她正乘着一只漂亮的小船驶过。“‘虚荣’，请帮帮我！”“我不能帮你。你全身都湿透了，会把我的船弄脏的。”虚荣回答。

“悲伤”也在附近，“爱”向他请求：“‘悲伤’，让我跟你一起走吧。”“喔，我太伤心，我要一个人单独待着！”

“快乐”从“爱”身旁经过，但是她太高兴，甚至没有听见“爱”在叫她……

“爱”非常绝望，忽然，她听到一个声音：“来，我带你走。”

说话的是一位长者。“爱”万分欣喜，甚至忘了问长者他们要去哪儿。当他们抵达陆地，长者便独自离去。

爱问另一位长者“学识”：“是谁帮了我？”

“是‘时间’。”

“‘时间’为什么帮我？”

“因为只有‘时间’才能够证明‘爱’的价值。”

曾仕强快乐分享

时间的确是一块试金石，能够彰显价值，验出真心，我就亲身体验了其中的精妙。30年前，我倡导中国式管理，那时被认为是神经病，因为所有人都不看好，都学西方。我是在西方学的管理，他们最大的问题就是没有人性化，你只要实施西方的管理，所有人都没有人格了，只剩下一个位格，比如穿制服、挂个牌子。我一生不挂牌子，你要我挂牌子我就不来了，我是我，干吗挂牌子？你要把员工当人看，不要把人当职工看。

不只是管理，凡是与人沟通，都要懂人性，用心去交流。在台湾，几乎所有的护士长都听过我的课。现在，做护士不光是敬业就行了，还要读懂病人的心。如果还没有进病房就开始叫："张伯伯，又该您打针了。"那个老先生已经开始发抖，还没有打针他就受苦受难了。我就告诉护士们："你这样是把他当病人，不是把他当人；你应该把他当人，不应该把他当病人。你是护士，你有专业，我不怀疑，但是你要有人性。"如果你一进来就说："张伯伯，您今天气色很好，医生说您的病已经快好了，不用再打针了。"他身心都舒畅起来。然后你说："不过，医生也交代，您如果想好得更完全一点，再打一针怎么样？""打。"这时，他一点也不会心惊胆战。

这就是用心沟通的艺术。中国人天不怕，地不怕，就怕人家关心你。一关心你，你就把心都交给他了，正所谓"士为知己者死"。在职场上，沟通同样如此。怎样跟老板说话，怎样跟同事说话，我告诉你一个原则："你跟谁说话，胳膊向着他就对了。"外国人不讲胳膊向哪儿弯，所以你一味学习西方的沟通会吃大亏，因为中国人不吃那一套。我们的沟通，如果你记住三句话，就得到了要领。第一句话："我告诉你，你就不要告诉别人。"第二句话："我告诉你，你如果要告诉别人，就不要说是我说的。"第三句话："我告诉你，你就不要告诉别人。如果你真的要告诉别人，你千万不要说是我说的，如果你还说是我说的，我就说我没说。"

文强幸福感言

能禁得住时间考验的东西，都值得我们异常珍视。那些沉淀下来的情谊，是我们用心沟通的成果，同样需要用心去维护。

4
用行动证明自己

张婷与李林是同一届的校友，张婷是学校的校花，身边从不乏追求者，但他一直没找到心仪的那位，而李林则是有点书呆子味道的“眼镜男”，很少和女孩子打交道。

在毕业后的一次聚会上，他们俩的座位恰巧挨着。活动结束时，李林鼓足了勇气邀请张婷去喝杯咖啡，张婷有些吃惊，但出于礼貌还是答应了。

点完咖啡，两个人就这样默默坐着，没有什么话题，气氛有些尴尬。不一会儿，服务员把咖啡了端上来，李林却突然说：“麻烦你拿点盐过来。”

当时，张婷愣住了，那位服务员也愣了一下，重复道：“先生，您是需要盐吗？”

周围人的目光都集中到了他身上，他的脸“唰”地红了。

服务员把盐拿了过来，李林放了点进去，慢慢地喝着。

张婷好奇地问道："你为什么要加盐呢？"

他沉默了一会儿，羞涩地说："小时候，我家住在海边，我老是在海里泡着，海浪打过来，海水涌进嘴里，又苦又咸。现在，很久没回家了，咖啡里加些盐，就算是想家的一种表现吧，可以把距离拉近一点。"

这一刻，张婷突然被打动了，她第一次听到男人在她面前说想家，她认为，想家的男人必定是顾家的男人，而顾家的男人必定是爱家的男人。她忽然有一种倾诉的欲望，跟他说起了远在千里之外的故乡，气氛渐渐变得融洽起来。

自那以后，两个人开始正式约会。张婷发现，这个"眼镜男"不仅学习好，工作认真，生活中也很大度、细心、体贴。她暗自庆幸，幸亏当时的礼貌，才没有和他擦肩而过。

他们每次去咖啡馆，张婷都会主动对服务员说："请拿些盐来好吗？我的朋友喜欢在咖啡里加盐。"

再后来，两个人结婚生子，过着平淡而幸福的生活。

一眨眼，四十年过去了。李林得了一场大病，不久便离开了人世。在收拾丈夫的遗物时，张婷发现了写给她的一封信，那是他临终前写的："原谅我一直都欺骗了你。还记得第一次请你喝咖啡吗？当时气氛差极了，我很难受，也很紧张，不知怎么想的，竟然对服务员说拿些盐来，其实我不加盐的，当时既然说了，只好将错就错。没想到竟然引起了你的好奇心，这一下让我喝了半辈子加盐的咖啡。有好多次，我都想告诉你，可我怕你会生气，更怕你会因此离开我。现在我终于不怕了，因为我就要走了，死人总是容易被原谅的，对不对？今生得到你是我最大的幸福，如果有来生，我希望还能娶到你，只是，我可不想再喝加盐的咖啡了，咖啡里加盐，你不知道，那味道有多难喝。我当时是怎么想出来的！”

张婷流着泪看完这封短信，她多想告诉他，她是多么高兴，有人为了她能够坚守这个谎言四十年。

郭剑华快乐分享

不经意的一句话，一个动作，却坚持了四十年，怎能让人不为之动容？

习惯的力量不容小觑，甚至让人感到敬畏，好似谈笑间，铁杵便已磨成针。所以，无论你要打动某些人，还是要成就一番事业，用行动来证明，养成一个好的习惯，持之以恒地坚持下去，就一定会有非同寻常的收获。然而，要打破原有的习惯，做出一点点改变，说得简单，具体做起来却如一场规模巨大的攻坚战。有时，我们最大的敌人就是自己，变革到自己头上，哪怕是微笑的改变，都需要耗费很大的心神，如同火箭升空，95%的能量都花在克服地心引力上。而一旦冲破这种引力，就可以在太空自由翱翔。现在，你可以静静地问问自己的心：“有没有不好的习惯阻碍了我的发展，或者健康？”“为了实现梦想与追求，我必须做出改变吗？”“难道我只能为了生存而奔忙，就不能有更大的发展吗？”“哪些方面，我本来可以做得更好？”……当你的心明确告知，你一旦改变，就有可能升职、加薪，就会改善同事关系、夫妻关系、亲子关系，改善自己的健康状况，就可以提升生活品质和生命质量，你会拒绝吗？这是一次挑战，是证明自己的机会。

有了改变的念头和方向，不要只停留在脑子里，把它落实到实际行动中。我们的人生本来可以更精彩，而所有的惊喜应该由自己来创造。除了心中有爱，我们更要有爱的行动，做一个积极主动的爱心人士。

有一位先生对我说："积极主动是非常有用，也很有道理，但每个人的状况不同，我的婚姻现在就让我很头痛。我和我老婆已经是"昨日黄花"，没有了往日的激情和感觉，我想我们之间已经不再有爱。这种状况下我该怎么办？"我说："去爱她。"

"我告诉过你，我已经没有那种感觉了。""你还是去爱她。"

"你怎么还没有理解呢？我已经说了，真的没有那种感觉了。""就是因为你没有爱的感觉，你才要去爱她。"

男士有点着急："没有爱，你到底让我怎么去爱呢？""其实爱是一个动词，是一个动作。爱的感受首先是爱的行动所带来的一个结果，我要你去爱她，不是要你把自己的感觉扭转成'你爱她'，而是用你的实际行动来证明你是爱她的。你在这个行动过程中，往往能够再次感受到她对你的爱，也会重新唤起你对她的爱。"

在爱面前，人们习惯做语言的巨人，行动的矮子。殊不知，积极主动地去爱，比被动地等待爱要更幸福和欣喜地多。你可以为对方泡一壶热茶，做一道小菜，哪怕是发一条关怀的短信，你收获地远比这些要多得多。在工作中同样如此，假如你希望老板能给予你更大的责任和权利，首先你应该赢得他的信任。怎么样去赢得？不是你说"我具备这个能力，你给我这个资源，我就能做出很好的表现"，而是先证明给他看"我能够，我行，我可以做得比你想象得还要好”，他自然而然就会放权给你。

比尔·盖茨在哈佛大学作演讲时说过一句话：“在你自我感觉良好之前，首先应该证明你自己。”放下所谓的自尊心，先用行动证明你自己，你再感觉良好，而不是自己感觉良好，认为别人理所当然应该给你机会。机会永远都是留给有准备并且能够证明自己的人。

文强幸福感言

想获得别人的信任，先把事情真真切切地做出来，证明你真的值得别人信任。千万别把前后顺序搞颠倒了。

5
问心无愧，心安理得

有个人整天闷闷不乐，他来到菩提树下，问佛祖：“佛祖，我怎样才能快乐起来呢？”

佛祖道：“在世俗的眼中，你有钱、有势，还有一个疼爱你的妻子，你为什么还不快乐？”

此人长叹了一声：“正因为如此，我才不知道该如何取舍。”

佛祖笑了笑：“我给你讲一个故事吧。从前，一个游客就要因口渴而死，我怜悯他，置一湖于此人面前，但他滴水未进。我问他原因，他答曰：‘湖水甚多，而我的肚子又这么小，既然一口气不能将它喝完，那么不如一口都不喝。’你在一生中可能会遇到很多美好的东西，但只要用心好好把握住其中的一样就足够了。弱水有三千，只需取一瓢饮。”

那人听后顿时茅塞顿开，开心而去。

曾仕强快乐分享

人们都在为名利而奔忙，有些已经小有成就，但还是很难在他们的脸上捕捉到幸福的表情。追求美好的生活是每个人的权力，但如果被这些名利所累，那就得不偿失了。挣到一千万，就想要一个亿，有了财富还想要健康，要美满的家庭。可是，这些你能把控得了吗？所以，活在当下很重要，不是要你及时行乐，而是珍惜现在你所拥有的那份美好：爱人递上的一杯热茶，父母唠唠叨叨的嘱托，同事之间并肩作战的情谊……

很多人问我在职场上如何获得幸福，如果你认为职场是谋生的工具，是养家的本钱，是实现愿望的一个场所，那你这辈子永远不可能幸福。“职场”是一个过程，“赚钱”也只是工具，人生的目的列出几百条几千条的都是假的，佛家叫做“空”。只有一件事情是实在的，那就是利用有生之年不断地修养自身的品德。孔子说过：“我欲仁，斯仁至矣。”天底下我能够百分之百控制的只有一个字——仁，我想要提高品德，没有人阻挡得了。所以从可靠性、可控性和可行性而言，只有这一样东西你是有把握的。

天底下任何事情都有风险性，唯一没有的就是“提高你的道德”，但我们中国人不讲这种好像一本正经很斯文的话，而是说“人生的目的就是求得好死”。我们中国人骂人骂得最恶毒的就是“这个家伙不得好死”。“求得好死”就是你死的时候问心无愧，心安理得，那才是最宝贵的。

有些人小时候做过一些错事，虽然不一定受到法律的惩处，但是夜深人静，或者回忆过往时，心里总在自责，不能原谅自己。尽管锦衣玉食，呼风唤雨，但不一定过得安宁，这就是良心对他的惩罚。古时候的教育，小孩子从学习德性开始，之后再学技能，所以长大以后就不容易走错路，行事有了底线，心里自然平静和坦然得多。

文强幸福感言

人生是一场旅程，但要清楚你的目的地，找寻到人生的终极目的，可以更好地欣赏路上的风景。

6
你能读懂别人的快乐吗

在美国，一位母亲在圣诞节前夕带着 5 岁的儿子汤姆去买礼物。大街上回响着圣诞节的赞歌，橱窗里装饰着松树彩灯，乔装的可爱小精灵载歌载舞，商店里五光十色的玩具应有尽有。

“汤姆将会以多么兴奋的目光观赏这绚丽的世界啊！”母亲毫不怀疑地想。

然而，她没有想到，儿子却紧拽着她的大衣角，呜呜地哭起来。

“怎么了？要是总哭个没完，圣诞精灵可就不到咱们这儿来啦！”母亲有些生气，语气中充满了严厉。

“我，我的鞋带开了……”儿子怯怯地回答。

母亲不得不在人行道上蹲下身来，为儿子系好鞋带。当她无意中抬起头来，啊，怎么会什么都没有?！——没有绚丽的彩灯，没有迷人的橱窗，没有圣诞礼物，也没有装饰丰富的餐桌……那些东西都放得太高了，孩子什么也没看见。落在孩子眼里的，只有粗大的脚印和妇人们低低的裙摆，在那里互相摩擦，碰撞，过来往去……真是好可怕的情景！

这是母亲第一次从5岁儿子的高度看世界。她感到震惊，立即把儿子抱起来，放在自己的肩上，儿子开心地笑了起来："妈妈，好漂亮的圣诞节啊！"

从此，母亲发誓，今后再也不把以自己为基准理解的"快乐"强加给儿子。

吴娟瑜快乐分享

每个人对快乐的理解不同，你觉得快乐的事，对方可能认为是一种折磨，如同每个人对食物各有喜好，在你看来是美味的东西，别人未必也能吃得津津有味。因此，只有适时地换位思考，才能读懂对方的快乐。

从科学的角度来讲，在职场中哪些人更容易成功，更开心快乐呢？他们是左右脑平衡的人。很多人对此并不清楚。举例而言：小时候写作文，左脑发达的人会写"早上起床，路上很多人，到学校上课……"就这样写完了；右脑发达的人会写"窗外鸟儿吱吱叫的声音把我吵醒，阳光从窗帘透进来，美好的一天就将开始了……"描述性的东西比较多。

我有两个儿子，大儿子偏右脑发达，喜欢文学、艺术、电影等比较柔性的东西。小儿子偏左脑发达，喜欢电脑、科技等比较分析逻辑的东西。有一次，我们去看电影《真爱未了情》，那是一部浪漫爱情片。结果，大儿子跟我一样看得津津有味，小儿子却说："这有什么好看的，无聊，爱就结婚吧，干嘛在那哭哭啼啼。"这个现象很有趣。

我是想告诉大家，左脑发达的人逻辑思考能力强，比较直线型。右脑发达的人比较浪漫，感受能力强。现在，你该清楚自己是左脑发达还是右脑发达了吧。在这个时代，为什么左右脑平衡的人会比较开心，比较放松，比较没有压力？

美国专门研究脑力的专家赫尔曼，通过对7000多个成功人士的研究发现，真正成功的往往是左右脑平衡的人。在工作上尽心尽力，力求完美，把它做到最好，这需要左脑。但人际关系需要用右脑去维系。左右脑平衡，在职场上更容易让自己有升迁的机会。工作上一定要发挥左脑，脚踏实地把事情做好。但与同事、客户、主管、领导的相处，就要用右脑，多讲几句：“你今天好吗？昨天晚上加班辛苦了，谢谢你。”不要一见面就是：“你案子写好了没有？”这样会让对方有压力。左右脑平衡能让我们在工作领域更得心应手，也快乐得多。

文强幸福感言

与人沟通，要找对时间，找对地方，找对人，说对话，左右脑齐发力，你的职场之路会走得更远，更轻松。

7

总有最合适的办法

最近，小猫汤姆和托比发现了一件令它们头疼的事情。每逢出去晒太阳，都会碰到可怕的影子。

“影子真讨厌！”汤姆和托比不停地抱怨，“我们一定要摆脱它。”

然而，无论走到哪里，汤姆和托比都发现，只要有阳光，就会看到令它们抓狂的自己的影子。

功夫不负有心人，经过多番尝试，汤姆和托比终于找到了各自的解决办法。汤姆的方法是永远闭着眼睛，而托比的办法则是永远待在其他东西的阴影里。

刘博快乐分享

有了问题不可怕，要有勇气去面对，去解决。汤姆和托比与影子的关系犹如下级和上级，汤姆忽视问题的存在，不能解决问题本身。而托比知道，既然摆脱不了自己的影子，那么不如找个地方安顿好它，也就是要“管”好你的老板。

我的招数是“一个中心，两个基本点”。一个中心，就是“尊重老板”，两个基本点是“把老板当客户”和“善用老板资源”。

尊重老板，说得赤裸一点，是尊重他手中的权力。不要试图去改变你的老板，就像别人无法改变你一样。如果短时间内你不能离开这个老板，那么还得遵循那句老话“人在屋檐下，不得不低头”。他是老板，在某种程度上掌握你的部分人生，他可以让你心情愉快，也可以让你心情郁闷，原因很简单，他的官儿比你大。没有人规定上司的本事一定比下属大。如果上司真的没本事，潜意识中有自卑感，就更需要人家尊重。而实际上，他不一定没本事，或者本事比你小，只是你没有发现罢了，比如，他很会拍马屁，能够搞定他的上司，这也是本事。不管你的老板是哪一种，对于你的不敬他肯定非常不爽。

把老板当做客户，销售的就是你自己，你的本事、你的性格魅力，甚至你的心态。除了从工作和生活方面接近你的老板，知道他的长处和短处，喜好和憎恶，期待和难处，还可以运用一些销售的手段，比如，在老板需要的时候帮助他解决一些难题，站在老板的角度思考问题，忍受老板的一些官气和个性，甚至无知和愚蠢，等等。你无法去选择客户，哪怕那个客户性格怪异，难以接近。反过来，老板也是一样。你和老板，在某种程度上也是一种商业关系。但把他搞定，你获得的利益比销售搞定一个客户的意义要大得多。

我做公司CEO时常说的一句话是：“我是你们的资源，你要充分利用，但不能滥用。”老板这个资源，主要有三个部分，权力、能力和信息。老板的权力比你大，可以调动的资源就比你多。如果你想让其他部门的同事帮忙，除非你跟人家是哥们儿，否则就需要老板出来帮助协调。在公司外部，老板可以见到更高层级的客户或者伙伴，他说话的可信度就会比较高。有时候，你需要把自己的意见和建议变成老板的，通过他的口说出来，可实施的可能性就会变大。

“老板不总是老板，这一点，老板可能会忘，你最好别忘。”如果你悟出了这句话的道理，并且让你的老板也明白，那你的境界就升了一级。

文强幸福感言

想要“管理”好你的老板，与上级和谐相处，总有最适合你的办法，找到它，就能更好地实现你的价值。

8 也许你开错了窗

萝莉已经8岁了。有一天，和她玩耍了两年的小狗嘟嘟突然被车撞死。她趴在窗台上，看着大人们正在埋葬嘟嘟，不禁泪流满面，泣不成声。

外祖父走过来，将她带到另一个窗口，那是外祖父的小花园，里面种着满园的玫瑰。小女孩被眼前这美丽的玫瑰花园惊呆了："哇，这里好美啊！"

萝莉脸上的泪水还来不及抹去，便露出了开心的笑容，托着下巴仔细地欣赏着美景。

外祖父轻轻地抚摸着萝莉的头，语重心长道："孩子，刚才你开错了窗。"

李晋快乐分享

悲伤与喜悦，抱怨与积极，失败与成功……它们犹如一扇扇窗，伫立在我们的人生房间里。轻轻推开其中一扇，映入眼帘的也许是萧瑟与凄凉，难免令人感伤。的确，面对逆境，谁人还能心花怒放，欢欣鼓舞？暂时的心灰意冷并无大碍，但不要将这份失落与不如意长久地延续下去，我们要及时调节，毕竟，人生的这个大房间不止一扇窗。试着推开另一扇，也许那里正春色满园。

人生本来应该五味杂陈，起伏跌宕，这就是它的精妙之处。面对困境与压力，尽快调节好自己的心绪，才能找到合适的办法从容应对。在这个时代，房子、车子、孩子、养老、医疗、升职加薪，创业打拼……每个人都感觉“压力山大”。但生活依旧要继续，每一天太阳照常升起，不会因为你的不满与懈怠而放慢脚步。既然如此，何必让那些坏情绪扰了你的决断，勇敢地走下去就好。

职场中，每个人的压力都很大，比如销售人员成功与否，最终考量他们的只有结果。尤其针对一些大客户、大项目时，他们心底的煎熬一般人更难以想象。他们要使尽浑身解数，搞定对方的技术层、决策层，还要和公司的服务团队协调沟通。所以很多人回到公司就发脾气：“我们在外边拼得头破血流，公司内部还不好好服务。”销售人员既然对结果负责，所有的因素都应该有所考量与应对。这就是一种担当，而很多人从小养成了推卸责任的习惯。我儿子现在不到两岁，在床上尿了尿，问他谁尿的，他指着我说：“爸爸尿的。”很多家长也在恣意纵容。孩子摔到地上，家长去拍地，磕到桌子上，家长去打桌子：“都怪你，把我家宝宝给摔了。”长大之后，他们到了公司，进入组织，只要出现状况，都是别人的错，组织机构不好，流程不好，价格太贵，竞争太激烈，这样的心态是不行的。

无论职场上，还是生活中，我们每个人都应该有所担当，更要有积极的心态。我们可以通过读书来获取这种正能量，比如，学习孔孟的哲学，积极的儒士精神。以销售人员为例，他们去拜访客户的时候觉得有压力，就想一想“不在其位，不谋其政”；担心人家拒绝，读一读“人不知而不愠，不亦君子乎”；忙于应酬，就多想想“有朋自远方来，不亦乐乎”；遇到委屈时，激励自己“故天将降大任于斯人也，必先苦其心志，劳其筋骨，饿其体肤，空乏其身，行拂乱其所为。所以动心忍性，增亦其所不能”……把这些话朗诵出来会让心中充满浩然之气，浑身充满力量。

文强幸福感言

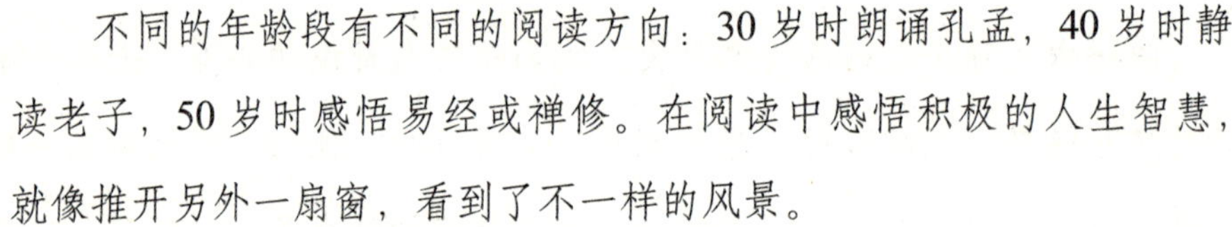

不同的年龄段有不同的阅读方向：30 岁时朗诵孔孟，40 岁时静读老子，50 岁时感悟易经或禅修。在阅读中感悟积极的人生智慧，就像推开另外一扇窗，看到了不一样的风景。

9
禁得住诱惑才能品尝成熟果实的甘甜

伊莲是小镇上的一名音乐老师，她酷爱白色，家里的陈设，以及平时的衣服都以白色为主。结婚时，她让丈夫在院子里种下一棵梨树。期待它能开满雪白的梨花。不久，丈夫由于工作调动去了外地，她闲暇时便与梨树为伴，弹一支曲子，打发着时光。梨树日渐茁壮，枝头簇拥着绵白的花，隐约间能看到挂了不少青涩的果实。这颗梨树甚是好看，引得邻居家的孩子们时常来观看。他们虽然调皮，但很羞涩，只透过围墙投来艳羡的目光。

伊莲不愿意孩子们扫兴，便自觉地回屋。有时，她故意敞开院门，希望孩子们直接进院来摘，但淘气的他们还是习惯跑到那不高的围墙上，站在上面使劲去够树上的果实。就这样，没等梨成熟，就已所剩无几。

有一天。一个孩子贪恋树顶上的一个梨，爬上了树，不慎摔了下来，折断了腿，在医院里躺了好些日子才康复。一出院，孩子的父亲就提着斧子来到她家，要砍掉那颗梨树，在邻居们的劝说下才作罢：“毕竟是自己的孩子贪嘴受了伤，怎么反倒怪起人家？”

为了与丈夫团聚，伊莲卖了那座小院，而买下那座院子的正是那个要砍掉梨树的男人。梨树的新主人还是不容它存活，幸好又被邻居们劝住。又一年梨花飘香，果实累累，但这位新主人不让孩子们打这些果子的主意，看到他们在围墙外探头探脑，就高声呵斥，甚至为梨树装上了防护网。

转眼秋凉，满树的白色已变成一片梨黄。他架上梯子，摘了一箩筐，送给街坊四邻品尝。邻居家的孩子们吃着笑着：“原来这树上的梨不是酸的，而是如此甘甜。”

吴娟瑜快乐分享

有耐心等到果实成熟，才能品味那份甘甜。如果禁不住诱惑，提早摘下，尝到的只有酸涩。就像初恋，虽然有诸多美好，但未必对爱情，对恋人有成熟的认识，更谈不上做好走入婚姻的准备，所以很难长久。只是那情窦初开的感觉让人记忆缅怀。工作与生活中的诱惑无处不在，有些钱是否可以拿，有些事能不能做，有些人可不可以交？都在拷问着我们的内心。英国哲学家罗素曾说过，人所以有道德，是因为受的诱惑太少。这个观点大家未必认同，但能否抵御诱惑与我们的生活品质有多少联系呢？

只要坚守一定的道德底线，对得起自己的良心，那么诱惑就变得不再可怕，而成为我们奋发进取的一种激励。想要给父母准备一笔养老金，想要给爱人大一点的房子，想要给自己买一块名牌手表……这些愿望让我们更加努力地去工作。有了诱惑，有了目标，还要把握分寸，有度为之。失了分寸，就如小马拉大车，不但没有带给自己满足，反而身心俱疲。比如，那些购物狂，看到自己喜爱的东西就心痒难耐，看不住钱包，狂刷信用卡，结果每月的工资所剩无余，甚至负债累累。有些人凭借一时的权力，不惜违反规则，甚至触犯法律，去获取钱财，但成功后，他会快乐吗？一旦东窗事发，他将为此付出巨大的代价。只有那些靠勤劳与智慧获取的财富，才能带给我们真正的快乐与安康。

从出生开始，各种诱惑就纷至沓来。我们去商场或者超市，通常会看到一些小朋友吵闹不止，有的哭得撕心裂肺，有的躺在地上打滚。因为想要的东西，父母没有买给他们。诱惑摆在那儿，他们克服不了。

美国的斯丹佛大学做过一个实验，在一个房间的桌子上摆着一颗棉花糖，找了好几百个四岁的小朋友，让他们一个一个进来。阿姨对他说："这个棉花糖，你现在只能看，不能吃。15 分钟后，我再进来的时候，如果你没有把这颗吃掉，那你还可以得到第二颗。"这听起来很诱惑，可是孩子们的表现如何呢？

大部分小孩就会一直看，很想吃，有的实在忍不住，把它打开，用舌头舔两下，又包起来放回去，假装没吃过。其实，他们的一举一动都在工作人员的监控中，他们在观察人类的行为对诱惑究竟能克制多久。这个实验每隔六年会再做一次，后续去观察当初做实验的小孩，当时有耐心得到更多棉花糖的小朋友，他们在学校的表现、互动关系、学业的成长，都非常优秀。

所以，我们要学会"糖果的管理"、学会按照规定来，要禁得住诱惑，知道什么时间可以做什么，懂得配合，懂得尊重团体的生活规律，那么机会就会大很多，成长也会更快。

文强幸福感言

在某种程度上讲，你抵御了多少诱惑，就会有多大的成长，有多高的成就。

10
换一种方式表达自己

有一天放学后，小强照旧搭公交车回家。幸运的是，他一上车就发现了一个空座，环顾下四周，没有发觉老人和孕妇，也就心安理得地坐了下来。

很快，车到了下一站，一位孕妇颤颤巍巍地走了上来。那位孕妇的肚子特别大，走起路来非常笨拙。小强想到老师平时的教导，于是主动站起来，对孕妇说："阿姨，您到我这儿来坐吧。"

孕妇微笑地拍着他的肩膀说："小朋友，谢谢你，你不用给我让座，我今天想站一会儿。"于是，小强只好坐了下来。

又过了几站，小强又站了起来。那位孕妇以为小强又要给她让座，不由分说道："小朋友，真的谢谢你，你今天不用给我让座。"

转眼间，公交车又到了下一站，小强又站了起来。那位孕妇刚要拍他的肩膀，小强不得不说："阿姨，你再不让我下车，我就要坐过三站了。"

高子馨快乐分享

这位小朋友站起来起初是为了让座，之后是想下车，但在那位孕妇看来，却是同一个意思。所以，不同的人对同样信息的理解往往千差万别，也就常常产生一些误会。比如，我们都熟悉“桃花潭水深千尺，不及汪伦赠我情”的诗句，殊不知这里还有一则轶事。汪伦特别仰慕李白，很想和他见面交流，于是写信邀请他：“先生好游乎？此地有十里桃花。先生好饮乎？此地有万家酒店。”李白看信后心想：“汪伦所在的地方真是美妙至极！”便高高兴兴去了。可到那一看，哪里有漫山遍野的桃花林，也没有那么多酒店林立。此时，汪伦解释道："十里桃花是当地有名的桃花潭，十里闻名，而万家酒店是一个小酒店，店主人姓万。"

李白顾念汪伦对自己的一片真情，并没有生气，但是在我们的工作生活中，难免要因此而生出不少麻烦来。尤其在工作中，沟通理解不到位，造成的影响和后果很可能难以估量。那么，怎样才能让我们的沟通更准确，更顺畅呢？可以利用思维导图，把对一些重要信息的理解用图画的形式表现出来。

思维导图在沟通中有能够起到很奇妙的作用。有一次，一架波音 747 飞机出现了严重的故障。由于机器庞大，里面涉及的工程非常复杂，要找到哪里出现了关键性、环节性的错误需要花费很长时间。而工程师们利用思维导图，把本该花费 6 年才能找到的某个错误点，只花费了 6 个月就找到了。

回想一下，实际工作中，我们都是怎样来作报告的？很多人一篇报告打 10 页、20 页，老板会有耐心一行行读下去吗？他只想了解你的关键性元素。我的学员中有某集团的一个项目经理，他去找总经理批大项目时，就拿着一张很大的白纸，用彩笔画了整个项目的报告：这是项目的背景介绍，这是参与人，这是需要的资金……一边展示，一边汇报。老板看了跟惊奇，对他赞赏有加。

据权威心理学家分析，影响人们沟通效果的因素，83% 来自于视觉，11% 来自于听觉，其余 3.5% 是嗅觉，1.5% 是触觉，还有 1% 来自于味觉。所以，视觉是我们沟通过程中需要特别注意的地方。很多事情在一张白纸上就可以画得很明了，只需要你换一种方式。

文强幸福感言

沟通是听觉的艺术，更是视觉的艺术，换一种方式来表达自己，呈现工作，会让沟通更高效，工作更顺畅。

11
自信可以化平庸为神奇

有一个美国男孩天生就有口吃，经常引来不少的笑话。

上学时，他去餐厅吃饭，每周五他都会点一份金枪鱼三明治。而无一例外，服务员总是给他端来两份。因为在服务员听来，他说的是“两份金枪鱼三明治”。

当男孩在外边受了委屈，回到家里向妈妈讲述事情原委时，妈妈总会为他的口吃找一堆完美的理由。她微笑着对小男孩说：“孩子，这是因为你太聪明了，没有任何一个人的舌头可以跟得上你这样聪明的脑袋。”

每次听到妈妈的鼓励，他都感觉到自己很有力量，自信一下子又回来了。

许多年后，当年的小男孩成了世界著名的管理大师，他就是美国通用电气前总裁杰克·韦尔奇。

吴娟瑜快乐分享

世界著名剧作家萧伯纳曾这样感慨：“有信心的人，可以化渺小为伟大，化平庸为神奇。”自信的确有如此奇妙的作用。人一旦有了自信，就有了勇气和力量，头顶与心底就像洒满阳光，变得积极乐观，神采飞扬。所有的困难在自信的人眼中，如偶尔飘过的乌云，他们好像有解决一切问题的智慧与能量。而这种能量你同样可以拥有。

其实，世界上的美都有所缺憾，如同断臂的维纳斯雕像用她的身躯向人们诉说着她的完美。人无完人，多少都有并不令人满意的地方，不是身体上有某些缺陷，就是性格上存在一些弱点，但这并不阻挡你成为一个好人，一个善良的人，一个成功的人。每个人身上都有短板，也必有所长。就像有的人不能说，但能写；不会跳，但会唱。有的善于思考，有的敢于行动，总之，你身上一定有别人不能企及的优点，只是你还没有意识到。一味执著于自己的弱势，就像有一个小黑点的一张白纸，只看到了那个黑点，而不见整张白纸。

所有的自信都源自于发现和爱，爱自己，爱他人。发现自己最有感觉、最有兴趣的那一点，就找到了自信和快乐的源泉，能将自身的潜能无限激发。关爱你的家人和朋友，同样可以帮助他们获得这种美妙的正能量。

杰克·韦尔奇的自信正是源自母亲无尽的爱，凭借这份自信，他成就了伟大的事业，用了20年的时间，把一个130亿的企业带到6000个亿。

文强幸福感言

世界上并不缺少美，只是缺少发现美的眼睛。每个人身上都有最美的地方，找到它，呵护它，让它陪伴我们一起成长，照亮我们的人生。

12 你认为你行，你就真的行

1960 年，哈佛大学的罗森塔尔博士曾在加州一所学校做过一个著名的实验。

新学年伊始，罗森塔尔博士让校长把三位教师叫进办公室，对他们说："根据过去的教学表现，你们被推选为本校最优秀的教师。因此，我们特意挑选了 100 名全校最聪明的学生组成三个班，由你们来担任教学。这些学生的智商比其他孩子都高，希望你们能让他们取得更好的成绩。"

三位教师兴奋极了，一致表示要尽全力。校长又叮嘱他们，对待这些孩子，要像平常一样，不要让孩子或孩子的家长知道他们是被特意挑选出来的，教师们都答应了。

一年之后，这三个班的学生成绩果然排在整个学区的前列。这时，校长告诉了教师们真相：这些学生并不是刻意选出的最优秀的学生，只不过是随机抽调的最普通的学生。教师们没想到会是这样，于是都认为自己的教学水平确实高。这时，校长又告诉了他们另一个真相，他们也不是被特意挑选出的全校最优秀的教师，只是随机抽调的普通老师罢了。

夏耀辉快乐分享

神奇的事情好像每天都在发生，而且就在你我身边。当你有了强烈的愿望，确定了目标，认定自己能够做到，并且努力去做了，就像有了魔法，一切有助于你达成目标的要素纷至沓来，尽管中途会有些许波折，但你最终能得偿所愿。这个能吸引成功要素的黑洞，就是自我肯定。

积极的气场与能量，虽然不像你手中的书本那样真切，触手可及，但却时刻萦绕在每个人的周围。如同一个真诚善良的人往往有好人缘，充分地自己激励与肯定也能汇聚资源。看到你自信满满，勤奋努力，周围的朋友自然会向你伸出援助之手，所需的人、财、物等也会向你发出友好的信息。这三位普通教师之所以能取得这样好的教学成绩，不正是源自对自我的充分肯定吗?

所以，不要轻易说“不可能”，因为这三个字非常昂贵。一旦你认为自己“不可能”，就会去找“不可能”的理由和证据来证明你的判断是正确的。跳蚤跳起的高度在其身高的100倍以上，堪称世界上跳得最高的动物。心理学家将一只跳蚤放到一个瓶子里，在瓶口加上盖子。跳蚤每次用力跳跃，都会撞到瓶口的盖子。后来，它明显跳得比以前低了，总是跳到离瓶口盖子差一点的地方。接下来，逐渐改变玻璃罩的高度，跳蚤也在碰壁后主动调整自己的高度。最后，玻璃罩接近桌面，跳蚤已无法再跳。有一天，心理学家把玻璃罩打开，这个“跳高冠军”竟然变成了一只“爬蚤”。

其实，这只“爬蚤”并非丧失了跳跃的能力，而是由于一次次受挫，习惯了，麻木了。最可悲的是，当玻璃罩不再存在，它却连“再试一次”的勇气都没有。这个玻璃罩已经罩在了它的潜意识里，罩在了心灵上，行动的欲望和潜能就这样被自己彻底扼杀。这就是“自我设限”。

以前，我和一个朋友做儿童用品生意。当时，我们的产品打入了杭州的几个大商场，聘请了一些导购人员。有一次，我去商场视察，看到有个中年妇女走到了我们专柜。我让导购员赶紧去接待，没想到，她瞄了顾客一眼，说：“没事的，这个顾客不会买。凭我多年的经验判断，她只是在闲逛。”后来，这个顾客真的如导购员所说，看了一会儿就走了。顾客的流失，并不是因为导购员经验不足，而是她的“先入为主”。当她认定顾客不会购买，也就导致了她的语言和肢体动作等都表现得不积极、不热情。试问，哪个顾客愿意在一个爱答不理的导购引导下买东西呢？

文强幸福感言

人生就是一次次受挫，又一次次尝试的过程。你认为你行，你就真的行。你认为自己不行，就是给自己戴上了一个“玻璃罩”。积极乐观的态度是创造奇迹的引擎，只要有梦想，有目标，身上的每个毛孔都会散发出正面的力量。

13
你能将水杯举多久

在一次企业总裁培训班上，一位教授举起一杯水，问道："这杯水有多重？"

20克？80克？200克？500克？总之，回答各异。

教授放下水杯，说："其实具体多重并非关键，关键在于你举杯的时间。如果你举了一分钟，即便杯子重500克也不是问题；如果你举一个小时，20克的杯子也会让你手臂酸痛；如果你举一天，恐怕就要叫救护车了。同一个杯子，举的时间越长，它会变得越重。"

听完，诸位总裁心领神会。倘若我们总是将压力扛在肩上，压力就像水杯一样，会变得越来越重。早晚有一天，我们将不堪其重。正确的做法是，放下水杯，休息一下，以便再次举起它。

傅杰英快乐分享

很多人都期盼能过上时间自由与财务自由兼得的日子，想来，那样应该就没有什么压力与烦恼了吧。真的如此吗？其实，人生的每个阶段都有烦恼，有压力，学习、工作、生活、情感，多多少少牵扯着我们敏感的神经。只要活着，我们就得面对它。

怎么与压力相处，是每个人都需要学习的一门功课。压力不是魔鬼，而是我们成长道路上的有功之臣，它时常为我们敲响警钟，鞭策我们努力前行，激发我们的灵感与潜能。没有压力，我们可能一事无成。就像在奥运会的赛场上，没有比赛的压力，运动员不可能一次次刷新世界纪录。

压力如同一位严父，陪伴我们成长，我们应该常怀感激而非憎恨。但是，压力过大怎么办呢？把这杯压力之水放一放，放松一些胳膊，调节一下身心。俗话说："天塌下来，有地顶着。""没有过不去的火焰山"，再大的困难都有解决的办法。散散步，聊聊天，听听音乐，甚至给自己放个长假，调整好心态再来应对，就相对轻松得多。最怕和压力打持久战，不给自己调节的机会，因此哪怕是一点点压力，都能把你彻底压垮。高考失利、生意失败、夫妻吵架、生活与工作的压力大，都可能将人引向生命的终结，我们时常在新闻中看到这样的惨剧，不禁悲悯，痛惜。如果他们能把事情看得淡一点，能够给自己多一点思考的时间，哪怕让自己蒙头大睡一觉，也许这样的悲剧就不可能发生。

但是，时代的车轮走得那么快，他们不愿意等，生怕掉队，错过了好时机。我们从小就被灌输了大量的知识和技能，却不懂得人生的智慧和淡定的生活态度。我去欧洲讲课时，那里的小孩学业相对轻松，所有的女孩子都要学烤馅饼、做窗帘、给布娃娃做衣服；男孩子学汽车、木匠、粉刷墙壁。一到周末，家庭主妇刺绣弄花，男人们就在院子里做木匠活、修汽车。生活有成功、有失败、有辉煌、也有平淡，我们不能一味强调赢在起跑线，这种拔苗助长不是一个常态的生命应该有的环境。

广西有一个世界有名的长寿之乡——巴马县，自然环境很好，却是国家一级贫困县。那里的长寿老人非常多，基本已近百岁。一群老人面容祥和，平时晒晒太阳，剥剥玉米，做做女红。很多人一辈子连镇上都没有去过，更不用说县城了。这就是按照生命的自然规律来生存。很多年轻人走出大山，接触到五彩斑斓的社会，诱惑力多了，便活得不自然。我不是否定这种生活状态，但人生一定要按照自己生理的功能曲线来设计。《黄帝内经》，开篇第一页就是上古天真论，女子7岁时什么现象，二十几岁时出现什么反应，你要按照这个活，不要等到该谈婚论嫁的时候，还想要拼搏，该结婚生孩子了，还想着存钱，要孩子赢到起跑线上。孩子含着金钥匙出生，又能怎么样？这不是生命的终极意义。

要化解压力，学会养生，还需突破几个层次。首先从混沌到聪明，知道其中的道理，这是养生的一个槛。我觉得，聪明人未必都会养生，太聪明，心不是本然的心了。我们虽然要随着社会的发展而发展，要在繁杂的社会环境里面讨生活，但还要防止“被聪明误”。如果突破了这一点，终于释怀坦然，就像郑板桥所说，由聪明到了糊涂，这个时候是最好的养生，是彻悟，不管外界怎么样，活得都很平静。

文强幸福感言

放下压力，储备动力，就是养生的大智慧。“终其天年，度百岁乃去”，本该是我们每个人应有的生存状态。

14

养生从养心开始

乾隆在位六十年，又当了三年太上皇，掌实权达六十三年零四个月之久，卒年八十九岁，是中国封建帝王寿命最长者。为什么乾隆能如此长寿？

他有一个十六字秘诀：吐纳肺腑、活动筋骨，“十常”“四勿”、适时进补。

其中，“十常”为：齿常叩，津常咽，耳常弹，鼻常揉，睛常运，面常搓，足常摩，腹常捋，肢常伸，肛常提；“四勿”为：食勿言，卧勿语，饮勿醉，色勿迷。

乾隆起居饮食很有规律，早上大约6点多起床，早餐后，处理政务，然后与大臣议事，午后游览。晚饭后，看书习字，作文赋诗，然后就寝。

乾隆喜欢“旅游”，他曾六下江南，三上五台，游览名川大山、古刹旧寺。探幽猎趣，体察民情，悠然忘返，对身心健康大有裨益。他情趣甚广，喜书法、诗文，爱听戏、观灯、看杂技、滑冰等，兴之所至，还会亲自唱上一段，也时常出外狩猎。

晚年，他曾接见英国使者马嘎尔尼，后者描述他：“观其风神，年虽八十三岁，望之如六十许人，精神矍铄，可以凌驾少年。”

傅杰英快乐分享

乾隆作为一国之君，要管理偌大一个国家，他的压力与工作量何其大？相比乾隆而言，我们所承受的那点压力算得了什么呢。虽然政务繁忙，但乾隆依然能放下，该工作时工作，适当的修身养性也必不可缺，偶尔出去微服私访，也能既访民意，又健身心。难得的是，他样样都能沉浸其中。能有如此心性，怎能不享高寿？

养生没有什么绝招，首先要养一颗心。你的心态转变了、生活观转变了，自然就不会去贪、不会三餐不规律。假如你的整个心志比较躁动，还要让你早上几点起床，晚上几点敲哪条经络，或者必须要做什么样的有氧运动，呼吸要达到多少……这样活得太辛苦，如果这样是养生，那我们还不如该干什么干什么，活得短暂但很精彩。

也许你觉得我们和乾隆没法比，他是万岁爷，全国最好的饮食、医疗，以及奇珍异宝都能享受得到，高寿也在情理之中。可是，为什么中国那么多帝王中很少人像他那样延年益寿？还是心在作祟。心放下了，身自然也就放松下来。

25 ~ 50 岁的职场人往往是公司的主力、家庭的支柱和社会的中坚。他们给我的感觉就是总处于应激状态，这不是一个正常人应该有的生存状态，用一种不好听的话来形容就是“狗急跳墙”。今天给这个文案，明天给那个设计、今天有这个指标、明天要讲什么效益、还要应付很多考试，整个人都要崩溃了。

在我的两个诊室中共有20张床，很多来接受治疗的公司老板，从一扎上针就开始打电话，忙着考虑进价、出价、文案设计、客户等种种问题。我告诉他们，在接受治疗时要安静、平静，气血才能调节得好，但他们工作实在太忙，根本没有一刻能停下来。所以，高血压、胃溃疡、慢性急肠炎、牛皮癣、痤疮、色斑等诸多问题都自动找上门来。

这个年龄段处于鼎盛期，从身体条件来说，承担这些压力不成问题，但心智的参差不齐却带给人们不同的身体状况和命运。有的人，小时候就性格不好。进入大学，舍友关系搞不好、同学关系搞不好；进入职场，跟老板关系很僵；结了婚，夫妻冷战，婆媳热战。好不容易把孩子养大了，母子关系还不好。如果说终其一生人人都不爱的话，我觉得很大程度上是自己的心态出了问题。只要能转变观念，一样会过得很好。

文强幸福感言

很多人得病未必只是躯体病，比如皮肤病、色斑、痤疮、脱发、黑眼圈、肥胖、体重不达标等，绝大多数都是身心失调所致，从心理影响到了生理。所以，心智的参差不齐，导致同人不同命。

15 进退的智慧

艾克是一名专栏记者，妻子正是他的顶头上司。然而，这并没有给他带来多少好运气，相反，由于和妻子性格不合，两人选择了离婚，这让艾克更加抑郁，在他的专栏中总是习惯性地对女性冷嘲热讽。

一次偶然，艾克在酒吧喝闷酒时，听闻在马里兰州有一名女子玛琪，曾经三次踏上红地毯，又都临阵逃离。这一下子吊起了他的胃口，他决定将此写成专栏，好好讽谏一番。

玛琪是一名独立性强的年轻女子，拥有一家五金行，她希望能有一个属于自己的家庭，却又害怕走入婚姻。或许因为恐惧，由于不确定，“我爱你，并不是因为你是谁，而是因为我在你身边的时候我是谁。”

当艾克去实地采访当地人时，没想到人们普遍对他的做法感到很愤怒。而即将第四次踏上红地毯的事件主人公玛琪因为看了艾克的专栏大感尴尬，第四次临阵逃脱……

刘博快乐分享

这是美国爱情喜剧片《落跑新娘》的剧情，很多朋友都非常喜欢，而且很受触动。每个人都有想逃避的事情，逃避婚姻，逃避家人，逃避考试，逃避请客，总之，遇到不相干的事和不想见的人，或者不确定的状况，大家都想逃之夭夭。那么，逃避就意味着无能、不负责任，甚至道德缺失吗？知难而进值得颂扬，知难而退就完全是懦夫的表现？

“三十六计”中的最后一计就是“走为上”，在这里，逃不仅仅是一种策略，而且还是“上策”。会逃的人往往成功率比较高。有人统计，女人做股票比男人赚钱的比例高，其中有一个重要原因，就是逃得快，不贪。

逃避也有不同的境界。有人说，最低的境界不是被逼无奈而逃，而是闻风而逃，因为你还没有实践，如同毛主席所说：“要想知道梨子的滋味，必须亲口尝一尝。”我的看法恰恰相反，闻风而逃才是逃的最高境界。我所说的“闻风而逃”并非知难而退，而是对某一件事情的结果有正确的预测。假如你的预感比别人灵敏，首先闻到了“风”，根据经验和理性分析，你认为这股风对你而言未必是好事，那么你就会比别人跑得快，逃得远，有可能是损失最小的那一个。反之，一味逞强做英雄，掉进泥沼再想逃，成本岂不是太高？况且，还有逃不出来的可能。从企业层面而言，管理大师汤姆·彼得斯在其《乱中取胜》一书中曾经提及企业要加速失败的概念，其实就是快速地逃避没有必要冒的风险，减少在企业决策中因为“死得太慢”而付出的巨大损失。

逃避的对面是“直面”，直面需要很多东西，而不仅仅是勇气。正确的坚持我们叫执著，错误的坚持我们叫固执。诸葛亮年轻时是个有抱负的青年，但是他满肚子学问却没有去汉王朝弄个功名，而是躲到山里头做了“隐士”，这就是一种逃避，但逃避的目的是等待时机。两军对垒，经常有一方会高挂“免战牌”，这也是一种逃避，既然知道实力悬殊，又无良策，出马毫无胜算就不如从长计议。所以，当你要直面某些难题的时候，除了勇气之外，你还需要问问自己有没有直面的资本，是否输得起？如果既没本事，也负担不起所产生的成本与后果，我建议你还是选择逃避，至少是暂时避开。

我并不是反对大家激流勇进、勇于冒险，只是不建议作无谓的冒险。如同在街上遇到流氓，你明知道打不过，又没有警察帮你，周围也没人助阵，这时，你最好溜之大吉，躲到安全的地方再打“110”。

然而，生活中有太多事和人，你根本无法逃避，譬如婚姻、譬如老板，这种情况下，你就好好考虑考怎么对付吧。

文强幸福感言

无论面对情感问题还是企业经营，智慧地逃避，不是一种错。明辨形势，而后知进退，要进得勇猛，退得智慧。

第二篇
诚实地面对自己

无数次驻足在镜前，端详自己容颜的改变，却未必看清命运背后的变迁。

有一天，镜子问你："你是怎样的一个人？"

你如实描述着镜中的自己。

镜子笑道："你看到的只是眼前的你，而非心中的样子。

把心里的那面镜子打开吧，那里能看到你的现在和未来！"

对于成功，你有几分坚持

在阿根廷的首都布宜诺斯艾丽斯有一种神奇的海鸟，每年都会完成一次规模巨大的迁徙。它们从南美洲飞到北美洲，中间要跨越辽阔无边的海洋。

令研究人员疑惑不解的是，这些海鸟的体积很小，没有足够的力气一次就飞过这广阔的大海；而且，这些海鸟还不会游泳，大海里也没有足够多的岛屿或船舰供它们栖息。对它们而言，这一次次迁徙简直就是不可能完成的任务。

那么，这些海鸟是怎样越过大海到达栖息地的呢？

经过长期观察，研究人员发现，这些海鸟在飞越海洋之前先在陆地上寻找一根树枝。衔着树枝飞翔，不如平时那么潇洒自由，飞行的速度也受到了很大影响。但在海鸟疲惫的时候，它可以把树枝扔在海面上，自己落在树枝上休息。等到体力恢复，再衔起树枝前行。

弱小的海鸟凭借一根树枝克服了自身条件上的不足，实现了目标。如果你是那只心中有梦想与目标，但没有足够实力的海鸟，你会怎么克服这些困难，到达心中的彼岸呢？

韩增海快乐分享

其实，我们都是一只海鸟，都有一个心仪的目的地。怎样才能如期到达呢？老子曾教导我们："慎终如始，则无败事。"养成一个好的习惯，并一以贯之地坚持下去，你就可以成功。

众所周知，曾国藩乃一介书生，为什么可以把仗打好？靠他的聪明吗？不是，是他的坚持。很多人都写过日记，从小学写到初中或者高中就不写了，工作以后还在坚持写日记的更是凤毛麟角。有个学生说：“老师，我在写日记，就是我的微博。”但微博不超过140字，和日记并不是一个概念。曾国藩坚持写了一辈子日记，去世前两天，他还挣扎着起床。当时，他的一只眼睛已经失明，拿笔的手一直发抖，但还坚持写。

曾国藩还有一个非常好的习惯，就是睡前点一炷香，想一想今天哪里做对了，哪里做错了，错的改正，对的继续发扬。想把事情做得越来越好，就要做到“为学日益，为道日损”。你想提高自己的能力，就要不断地学习，不断地纠正自己的毛病，弥补自己的不足如同海鸟一次次衔起那根树枝。每日三省吾身，就是每天都在进步，只要你能做到，肯定能够成功。

文强幸福感言

培养毅力与学习力，可以让我们飞得更高，更远。

2
寻找你的“牛黄”

扁鹊是战国时期著名的医学家。传说有一天，扁鹊的邻居阳宝杀了一头牛，剖开牛肚发现牛的胆囊中有些像石头一样的东西，于是提着胆囊来向扁鹊请教。扁鹊正在整理桌上煅制好的金礞石，他问明阳宝的来意，便将从胆囊中取出的两枚深黄色的“石头”放在桌上，仔细地琢磨。

阳宝回家不久，又惊叫着跑来找扁鹊，原来他的父亲一口气没上来，竟抽搐不止。扁鹊急忙赶去阳宝家，只见阳宝的父亲双眼上翻，喉中噜噜有声。他立即吩咐阳宝去把他家桌上锻制好的金礞石拿过来研成末，给其父亲灌下。阳宝一刻也不敢耽搁，马上把东西取来，匆忙让父亲喝了下去。不一会儿，阳宝的父亲就不再抽搐，气息也平静了许多。

扁鹊回到家，惊讶地发现桌上的两枚牛“石头”不见了。原来，阳宝在慌乱中错把这种“石头”当金礞石拿去了。扁鹊不禁思忖：“难道这种石头也有定惊的功效？”

次日，扁鹊有意用这种“石头”配药，给阳宝的父亲送去冲服。没过多久，阳宝父亲的病竟奇迹般的好了。从此，扁鹊就将这种名贵而有奇效的中药材命名为“牛黄”。

郭剑华快乐分享

世界就是这么奇妙，人类很多重要的发明、发现好像都是偶然而得，都有运气的成分。殊不知，我们看到的这种好运气只如冰山一角，潜藏于海平面下的庞然大物才是它的巨大支撑。所以，想碰到你的“狗屎运”，还要下很大工夫。

我特别欣赏洛克菲勒的一句话：什么是运气？就是一系列目标和计划的产物。因为，机会永远都是留给有准备的人。所谓的机会主义者，我觉得不是“80后”、“90后”所独有的。前段时间我参加了一个大学同学聚会，毕业时大家在同一起跑线上，但十年后每个人的情况却天差地别。饭桌上有人不停地在抱怨，一开始机会不好，没有进入一个好单位；后来进入一个好单位，可是老板又不好；单位很好老板也好，又发现客户资源不够，公司给的支持不够，培训不够，等等。他总在找客观的理由，从来没有想过：“我是不是真的做好了准备？当机会来临时，我是否能把握住？”

小时候，大家都写过这样的作文：我长大之后想干什么，我的理想是什么。长大之后才发现，人生的征程非常漫长，我们的梦想往往没能实现。克林顿在他的书中提到，他在大学毕业时就设定了一个目标：我要当一个好人，娶一个好老婆，生几个好孩子，交几个好朋友，成为一个成功的政治家，并且出一本好书。我们现在发现，克林顿的人生愿望基本都实现了。我们不禁要问，为什么克林顿实现了他的梦想，而我们小时候的一些愿景却成了泡影？

耶鲁大学曾经就目标对人生的影响做过一个长达25年的跟踪调查。他们对刚进入大学校园的一批学生进行采访，问他们究竟有没有一个长远的人生目标以及规划，而且还要很具体，很清晰。结果发现，只有3%的学生拥有长期并且很清晰的目标。10%的人目标虽然清晰，但是比较短暂，可能只是一个三年、五年的规划。60%的人目标很模糊，比如说先过了英语四、六级，大学毕业之后找一份好工作。还有27%的人没有任何目标，上大学就想好好过把瘾，痛痛快快玩一场。

25年后，这些人之间有了巨大差异。3%的人成为顶尖人士，跻身于财富排行榜金字塔的最顶尖，比如微软的创始人比尔·盖茨，甲骨文公司的总裁拉里·埃里森，他们在人生非常早的阶段就很清楚自己的目标。10%的人有可能在某一领域成为技术方面的专家或者企业高管。60%的人，有一些后来很努力，做到了职业经理人；还有一些人依旧没有很清晰的目标，属于所谓踏踏实实干活的人。另外27%的人很简单，前面混，后面也混，处在整个社会金字塔的最下层。

我希望每一位朋友都可以很清晰地绘制好自己的人生蓝图，无论在工作上还是生活中，能够真正成为一个有目标、有规划、有智慧，并且有力量去实现的人。

文强幸福感言

人生的方向与目标重要到什么程度呢？我想有一句话能够说明：人生的成功等于目标，其他都是这句话的注解。希望你能梦想成真，事半功倍。

3 改变它，还是适应它

小强傍晚散步时无意中在一棵树上发现了一个蝴蝶蛹。他仔细观察，发现蛹壳已经破了一个小洞，蝴蝶正挣扎着要从里面出来。

过了几天，他又来到这棵树前，发现蝴蝶还在里面很用力地挣扎。小强不忍心看到这一幕，决定要帮它一把。于是，他回家拿了一把剪刀，将蝴蝶蛹剪开。没了蛹壳的束缚，蝴蝶从里面轻松地爬了出来，但是身躯肥大，翅膀又瘦又弱，根本飞不起来。

小强心想，这大概是蝴蝶没有成熟的原因吧，也许过几天它的翅膀就可以壮大。

每天，小强都从树旁经过，然而他看到的不是体态轻盈、展翅飞翔的漂亮蝴蝶，而依然是拖着肥胖身躯和瘦弱翅膀在地上爬行的丑陋“蝴蝶”。

小强没有想到，蝴蝶必须从蝴蝶蛹中挣扎而出，身体里的脂肪才会被翅膀吸收，翅膀会变强大，而身体将变纤细。大自然做了如此奇妙的一个设计：蝴蝶的挣扎是为了将来的飞翔在做准备。

许晋快乐分享

大自然的设计的确非常奇妙，小强虽然大发善心，却是好心办坏事，葬送了蝴蝶美丽的一生。其实，我们看到的一些现象，都有其因果，在没有弄清楚之前，不要随意地去改变它，而是要适应他。比如习惯一旦形成，便根深蒂固，我们很难去改变。但有的人总想驾驭别人，希望对方按照自己的要求去办，这是给自己出难题，也在为难对方。这时，首当其冲的要调整自己的心态，尝试着去适应，问题自然就迎刃而解。

有一个故事说得很形象。一对父子每天驾着牛车去砍柴，然后拉到集市上去卖。父亲已经年迈，眼睛有些模糊。每到转弯的地方，儿子就提醒一下父亲："爹，该转弯了。"父亲就驾着牛车说："驾驾驾，转转转。"牛就转弯了。几乎天天如此。有一天，父亲生病，儿子一个人驾着牛车去砍柴，到了转弯的地方，他也学着父亲说："驾驾驾，转转转。"但牛怎么也不转弯。儿子看看周围没人，就跳上车拉着牛耳朵，大声说："爹，该转弯了。"不料，那头牛就真的转过弯来。

一些年轻人谈恋爱时，看对方的某些生活习惯不顺眼，便要对方强行改变。殊不知，多年来这种习惯已经深入他的骨髓，怎么能轻易改变。即使他有这个心，做起来也是万分痛苦。既然两个人不再快乐，又何必强求在一起呢？爱一个人，就要爱他的全部，包括他的习惯。如果没有这份包容，这段感情便不会长久。有的年轻人甚至因为挤牙膏的方式不同而分手，便是少了相互的理解与大度。

在职场的沟通中，很多人的意见我们很难去左右，比如老板和客户。老板的思维习惯，我们很难去改变，只能适当地提出一些意见，主要还是以老板的决策为主，你只要做好执行层面的事情就可以。对于很多销售人员而言，很难去改变客户的需求，只能去深入了解，去适应，提供相应的解决方案。

文强幸福感言

习惯的力量是巨大的。对于别人根深蒂固的习惯，与其为了改变撞得头破血流，不如顺势而为，找到双赢的契合点。

4

“我是鸡？还是鹰？”

一位“驴友”酷爱山野生活，经常去郊外爬山。有一次，他在高山之巅的鹰巢里抓到了一只幼鹰，于是把它带回家，养在鸡笼里。

从此，这只幼鹰和鸡笼里的小鸡一同长大，它们一起啄食，一起嬉闹，一起休息，它以为自己同笼子里的伙伴一样。

幼鹰慢慢长大，羽翼日渐丰满，主人想把它训练成一只猎鹰。可是，这只鹰从小便终日和鸡混在一起，根本没有飞的愿望。主人尝试了各种办法，想要恢复它的神勇和霸气，都毫无效果。

没有办法，主人把鹰带到山顶，一把将它扔了出去。这只鹰像块石头似的直掉下去，在慌乱之中它拼命地扑打翅膀，就这样，它终于飞了起来！

韩增海快乐分享

这只鹰因为主人的喜好，而混进了鸡群，失去了做鹰的环境，又因主人的帮助而重新找回了自我。反观自身，你身处一个怎样的团队？你是只“鸡”，还是只“鹰”呢？我们并非孤立存在，周围总有家人朋友，或者身处某个组织和团队。每天的工作与生活有些平淡，但也习以为常，从未认真思考过，我的水平与能量是否和周围的伙伴一样？我有没有更大的发展空间？很可能是习惯，或者某些顾虑，让我们低估了自己的能力。

如果你有幸领导一个团队，那么更应该深思：我有没有给团队成员的成长营造一个良好的氛围和环境？我到底应该扮演一个怎样的角色定位？2000多年前，韩非子就列出了三个等级的团队模式："君分三等，下君，尽己之能；中君，尽人之力；上君，尽人之智。"我们可以更形象地把团队分成三种：第一种是一只狼领着一群狼：我能干，我让我的手下也能干，这种团队的效率非常高。第二种是一只羊领着一群狼。历史上就有这样的案例。刘邦在起义之前，司马迁给他的定义是好酒及色，但不到十几年的时间，就开创了大汉王朝。有一次上早朝，项羽的降臣问道："你凭什么当了我们大汉王朝的开国皇帝？"刘邦答："决胜千里，出谋划策我不如张良；战必胜，攻必取，我不如韩信；管理国家，不绝粮道，我不如萧何。而三人都为我所用，项羽独一范增不得用之，所以为吾所败也。"项羽不论是出身还是个人能力，都高过刘邦，最后为什么会失败？因为不善于用人，最后剩一个亚父范增还被他气走，死在了途中。第三种是一只狼领着一群羊：我能干，但我的手下不能干。前段时间我去一家大型企业做培训，有一个部门经理向我抱怨："现在员工不好找，能力也不强，你看我部门这10个人，笨得和猪一样。"我说："你算错了，应该是11头猪，最大的那头猪你没算进去，就是你。"统计学有一个概率，你管了10个人，里面有3个人不能干，这个很正常，但如果10个人都不能干，就是你领导的责任。很多管理者被叫做"小鸡加工者"。人力资源部好不容易招来一只鹰，在你的蹂躏下不到三个月变成一只鸡了。比如，新员工入职时工作状态非常好，很想把自己的智慧和能量奉献出来，经常会提一些建议，但可行性差，很难被执行。这时，你没有进行适当的指导，就一棍子打死："这种建议，以后不要再提了。"这样的话说三次，他以后有什么好想法，可能永远都不会提了，工作积极性也会大打折扣。

文强幸福感言

知人者智，自知者明。不要低估自己的能量，你也有起飞的本领；更不要低估团队成员的能量，将他们团结起来就可以创造奇迹。

走自己的路，让别人去说吧

从前，有一群青蛙组织了一场攀爬比赛，终点是一个非常高的铁塔的塔顶。很多青蛙前来围观。

比赛刚开始，就听到不少青蛙议论："这太难了！它们肯定到不了塔顶！""它们绝不可能成功的，这塔太高了！

听到这些议论，一只接一只的青蛙开始泄气，除了几只情绪高涨的还在继续往上爬。

围观的群蛙继续喊着："这太难了，没有谁能爬上塔顶的！"

越来越多的青蛙畏惧了，纷纷退出了比赛。但有一只却越爬越高，一点没有放弃的意思。

最后，它成为唯一到达塔顶的胜利者。

当其他青蛙跑去问他，什么秘诀让他爬到塔顶时才发现，原来，这只青蛙是个聋子！

孙培俊快乐分享

在通往幸福与成功的大道上，总有各种各样想不到的问题横亘其中，此时，诸多退缩与胆怯的声音萦绕在你耳边：“算了吧，你哪能竞争过人家！”“你有那么大本事吗？”“你不根本不是那块料！”……这些声音将你的信心与坚持一点点蚕食，甚至击得粉碎，时间一久你也便放弃了，心想：“可能，我真的没有那个能力。”但事实未必如此，你完全有冲破万难，达成目标的本领，只是你把自己给放弃了。

我们不要做不思进取的“温水里的青蛙”，要向那只坚信自己内心声音的青蛙学习，他有着明确的目标，是敢于拼搏的勇者。每个人努力打拼，都希望取得好的成绩，攀登塔顶。但首先要确认，这是否是你想要的。其实，脱颖而出不是要告诉大家，你一定要赚多少钱，必须坐到什么位置，而是告诉自己如何不停地自我超越。问问自己的心：我值不值得为此而努力奋斗？如果答案是肯定的，那么你就明确了要攀登的那座塔的位置。

攀登的过程，是与自己对话的过程，不要在乎别人讲什么，只要心里有定见就好。但这之前要有客观的分析和科学的规划，不是只有满腔热情就可以有所成就。明确你的人生目标，现在你所处的位置，你的收入状况，权利与资源，等等，然后给自己一个结论，这件事我现在要不要做？要怎么做？五年、十年后，我希望自己有怎样的工作和生活状态？打算如何去实现？

五年后，“我希望能拥有自己的房子”，“我希望能做到副总的位置”，

“我想能环游世界”，无论你想要什么，把它规划好，然后勇敢地去做吧！只要心理不气馁，你一定可以成功。

我还要送你一份礼物——“正向思维”，永远朝积极面思考。你不能改变外面的天气，但是可以调整自己的心情，“下雨很好啊，我可以在家好好休息”。正向思维对任何人的一生都有非常重要的意义。

文强幸福感言

有了明确的目标就不会迷失方向，有了强大的内心就不会被“流言”所伤。

6
不轻言放弃，才等得到春天

罗宾是一位职业成功学家，他的演讲总是充满激情。

有一次在课堂上，一位学员问他："老师，请问您为什么总能够保持积极乐观的人生态度？难道您就没有碰到过倒霉的事情吗？如果您遇到了烦恼，您是怎么解决的？"

罗宾微笑着回答："当然，我经常会碰到一些令人烦恼的事情，可是我并不会让它影响我的任何决定。这要从一个小故事讲起。

"小时候，父亲经常带我去户外活动。有一次，在一个寒冷的冬天，我们去了一个茂密的树林。我看到有几棵枯死的树木，就想把它砍倒，劈成小块，拿回家取暖。但是父亲告诉我，不要在冬天砍树，因为这个季节还不能判定树木到底是死还是活，只有到春天才能真正辨别清楚。

"第二年春天，我再来这片树林时，发现去年冬天我准备砍的几棵树又发起了新芽。我渐渐明白了父亲的话，原来树木不能在冬天砍伐，人也不能在心情沮丧的时候随便做出什么判断和决定。父亲的这个经验让我一生受益无穷，我相信大家如果采用，也会受益终生。”

听完这番话，台下响起了热烈的掌声。

许晋快乐分享

人的一生要经历很多个冬天，也会经历不少挫折与低谷。其实，每种境遇都是我们体味人生的宝贵财富，不要心生抗拒，接纳这份情绪，接受这种现状，平心静气，给自己一段休整的时间，不久就会迎来春天。

冬天是一个沉寂的时节，他如此宁静，不愿意透漏任何希望的信息，但春天迟早会到来，枝头钻出的嫩芽在跟我们捉迷藏似的挑衅：“哈哈，看你能不能耐得住性子？”正如不到春天，你不知道哪棵树会发芽，很多事情在没有定论之前，请不要轻言放弃。比如，很多男生谈恋爱，追女孩子就比较有韧性，人家不同意没关系，我不放弃，我从点点滴滴处来感动你。一年不行，我就等你三年五年，十年八年，有人甚至为这份爱坚守一辈子。我不是鼓励所有人都如此行事，只是告诉你，至少去争取了，等待了，抱得美人归自然好，即使最终走不到一起，也可能是缘分使然，终归此生无憾。

在没有宣判你退出之前，你仍有赢得的可能。职场的竞争相当惨烈，奋战在销售一线的人员对此体会尤为深刻。比如，前期做了大量的工作，好不容易打通了各个环节，见到了客户的老总：“刘总，这个事情能不能定下来？”对方答：“能定下来。”但过了一段时间，跟别人定下来了。那么，这个单就是没有跟住。这给了我们三个方面的启发：

第一，没有绝对的肯定，也没有绝对的否定。你去拜访这个大客户，跟他谈得挺好。但只要没有落单，款还没有进入公司账户，合同签了都没有用，这是常事。

第二，也可以反过来应用。客户跟你说，他们已经跟你的竞争对手签约了，只要对方的款还没有落实下去，你都有机会。

第三，阴阳会随着时间和空间的变化而相互转换。假如你跟客户签了合同，已经开始服务，你肯定特别开心。但你表现地太明显，对方就觉得自己上当受骗，马上这单可能就黄了。对于营销而言，最大的好处就是说了什么都可以不算。当然，最大的坏处也在于此。所以，一定要在恰当的时机拿出合同，恰当的时机来追款，恰当的时机提供恰当的服务。

沟通是人生的大学问，需要坚持，也要把握好一个度。这说起来很容易，实际做起来还是要凭感觉和经验去慢慢摸索。比如，很多人性情直爽，喜怒形于色，但说话往往不给对方留情面，把话说得太绝，太死，可是冷静下来，才发觉自己有些过分，把退路都给堵了，再想挽回，就会很难。我们不要图一时的口舌之快，而埋葬那些值得我们珍惜的情谊。

文强幸福感言

要耐得住冬天的寂寞，在春天没有到来时，不要轻言放弃。也要把控好自己的情绪，在没有搞清事实真相之前，不要轻易做决定。

替别人想一想，没那么难

公园里，两个妇人在聊天，其中一个问：“你儿子结婚后还好吧？”

另一个妇人叹息道：“别提了，真是不幸哦！他是够可怜的，娶个媳妇懒得要命，不煮饭、不洗衣服、不扫地、不带孩子，整天就是睡觉，我儿子还要端早餐到她的床上呢！”

“那你女儿呢？”

“她可就好命了。”说着，妇人满脸堆笑，“他嫁了一个不错的丈夫，家务事全部由女婿一手包办，煮饭、洗衣、扫地、带孩子，而且天天早上还端早点到床上给她吃呢！”

同样的状况，当从不同的角度看时，就会产生不同的心态。有时，站在别人的立场看一看，或在对方的角度想一想，很多事就不一样了，你可以有更多的包容与爱。

夏耀辉快乐分享

同样一件事情，在这位母亲眼中却有着两种截然不同的结论。当然，她的出发点都是为了儿女的幸福，但是这种单方面的立场，往往会在人们的沟通中产生阻碍，导致各种各样的矛盾。人类既然是群体动物，就要顾及他人，在家体谅父母、爱人，在外体恤同事、员工。这会不自觉地在你周围形成一个温馨、和谐的气场。

在人际交往中，能够体会他人情绪和想法，理解他人立场和感受，并站在他人角度思考和处理问题的能力，就是同理心。如果双方能够将心比心，同样的时间、地点、事件，把当事人换成自己，也就能设身处地去感受和体谅他人。

从前，一只小猪、一只绵羊和一头乳牛，被关在同一个畜栏里。有一次，牧人捉住小猪，它大声号叫，猛烈地抗拒。绵羊和乳牛厌烦地说："他常常捉我们，我们并不大呼小叫。"小猪听了很气愤："捉你们和捉我完全是两回事，他捉你们，只是要你们的毛和乳汁，但是捉住我，却是要我的命啊！"

设身处地地思考对方的感受，在别人失意、挫折、伤痛时，就能提供应有的关怀与体谅。在职场的沟通中，我们也要避免"我可以，你不行"模式的发生：

别人花长时间办一件事，是慢；我花很长时间办一件事，是仔细。

- 别人省略一些事情，是懒惰；我省略一些事情，是效率。

- 别人若不经吩咐就做某一件事，是越权；我这样做，是有主动性。
- 别人强烈坚持观点，是顽固不化；我强烈坚持观点，是坚持原则。
- 别人忽略了规则，是不负责任；我忽略规则，是创新。

文强幸福感言

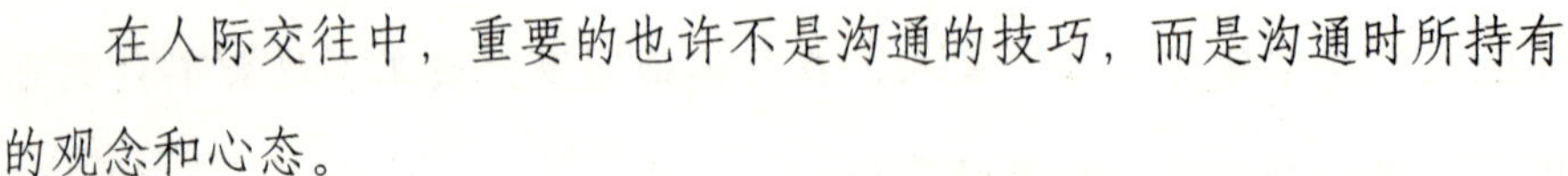

在人际交往中，重要的也许不是沟通的技巧，而是沟通时所持有的观念和心态。

8
能言不能行，不是真智慧

一头驴子不小心掉进了一口枯井，它使劲地叫喊，期望主人能把它救出来。

驴子的主人也很着急，于是召集了不少亲朋好友出谋划策，但始终想不出好的办法。讨论了半天，大家认为，反正驴子已经老了，况且这口枯井早晚也是要填上的，不如就把这里作为它的最终归宿吧。驴子的主人虽然有些不舍，但也无计可施，眼睁睁地看着大家拿起铲子去填井。

当第一铲土落到枯井时，驴子的叫声变得异常的恐怖，它显然明白了主人的意图。不一会儿，驴子竟出乎意料地安静下来。每一铲土落下时，它都努力抖落背上的土，将其踩在脚下，把自己垫高一点。

人们不断地把土往枯井里铲，驴子也就不停地抖落身上的土，使自己再升高一点。就这样，驴子慢慢地升到了枯井口，在众人惊奇的目光中，潇洒地走出了枯井。

戴晨志快乐分享

这是一头可敬的驴子，它用淡定和行动创造了一个传奇。当危机突然出现在我们面前，除了尖叫、恐慌，难道只能手足无措，等待灾难的降临？面对困境时的心态是决定我们成功与否的关键。镇定地去应对，积极地去行动，是拯救自己，改变现状的明智之举。

越是危难时刻，越考验我们的内心。我们可能会遭遇天灾人祸，也会经历人生的低谷，但这并不可怕，只要我们有生的欲望，有坚强的内心，就可以绝地逢生，再创辉煌。人生就是要渡过生命的低潮才显得更精彩，这是我发自肺腑的感慨，也是对我人生的一个小小的总结。

我在台湾的时候，两次联考都没有考上理想的大学，于是念了个专科学校，学广播电视。毕业以后，我想当电视记者。可是台湾电视台规定，只有大学毕业生才有资格，而当时我只是专业毕业，我很受挫，决定到美国去念书。去美国，就要考托福，而我的英文很差，考了四次都没有通过。我妈说："不要考了，找个工作多好，为什么那么辛苦一定要去美国念书呢？"我相信，我的人生不是今天这样，我必须要争这口气。

考托福的那段时间，我早上八点就跑到台湾大学的图书馆去念书，晚上五点半离开。念一整天，没有讲一句话。有一天，我念到一半，突然有人拍我肩膀："你是不是台大学生？"原来，图书管理员来了。她说，不是台大学生就不能在里面念书。所以，我背着书包就这样灰溜溜走了。台湾大学前面有一个很漂亮的园林大道。我走在那条路上，看着苍天，好想掉眼泪。我告诉自己："今生今世我不能成为台大人，但只要我努力，有一天我一定要站到台大的讲台上。"

我考了八次托福才通过，然后到美国念书。回来以后，我以第一名的成绩考进了"中华电视公司"。十八年后，我也如愿以偿地登上了台湾大学的讲台。这些年，我一直有个习惯，就是每天坚持写日记，所以把当时的想法都记录了下来。没想到，至今我已经写了40本书。

文强幸福感言

当自己遭遇生命低潮的时候，不要小看自己，每个人都有无限的可能。而且，你的时间花在哪里，你未来的成就就在哪里。

9 使我痛苦者，必使我强大

有一个年轻人特别喜欢心理学，也想致力于心理学的研究与应用。但他有一个致命的弱点，就是不敏感。

一些心理学人士认为，不敏感的人不适合学心理学。所以，周围有不少朋友都劝他放弃。

他也很犹豫："难道，我真的和这门学问无缘了吗？"

本来，他想选择其他的研究门类，但没过多久，他还是不由自主地去了解心理学方面的知识和案例。而且，每逢他找到一个好的调节心理的方法和工具，就立即在自己的生命中去执行，将其变成真切的生命体验。他实践过的案例，也会分享给周围的很多同行和朋友。渐渐地，找他咨询的人多了起来，他还开了自己的心理诊所，免费为一些经济困难的群体做咨询。

十几年过去了，这个"不敏感"的人依然在从事自己所喜爱的职业，而且成了著名的心理学家。

陈龙快乐分享

如果你正因为某些方面的不足而感到痛苦不安，那么恭喜你，因为你知道自己还有提升的空间，知道自己在往哪里努力。使我痛苦者，必使我强大。只有迎着痛苦、迎着困难上，才能把问题解决。工作上遇到难题，情绪焦虑，竞争失败，或者跟客户关系处理不好，这都是很正常的情况，如果受到某些负面情绪的影响，自暴自弃，或者放任自流，就会给人留下不好的印象：心态不够成熟，抗压能力不够强，情商太低，资源整合能力比较差，个人能力有问题，团队关系搞不好，等等。也许有人会来安慰你："老李啊，这件事确实很困难，你做不出来很正常，没什么。"但也有人幸灾乐祸："这个家伙，做不出来吧，要你好看。"当有人同情你，安慰你的时候，其实不管什么原因，你在别人心目中已经成了弱者。

想证明你不是弱者，怎么办？坚持不能解决任何问题，但你首先要坚持。在咬牙挺住的同时，你要广开思路想办法，问同事、问朋友、问领导、问同学、上网查资料，你可干的事太多了。多坚持一天，就多一天的机会。不到最后时刻，千万不要对自己说放弃。

电视剧《士兵突击》里的许三多，比我们所承受的压力大得多。不管是他的同乡朋友，还是兄弟姐妹，甚至老爸老妈，都说他很笨。当所有人都说你是笨蛋的时候，你可能觉得自己就是个笨蛋，但就是这样一个"笨蛋"，却做出了很多让我们刮目相看的事。

"钢七连"解散后，转业的转业，调走的调走，就剩许三多跟他的连长两个人看守那个空空的营房。过了一段时间，连长坚持不住走了，就剩许三多一个人。那时，可能都不会有人想起他：“哎哟，还有一个许三多住在那个楼里面。”即便如此，他该站岗站岗，该执勤执勤，该扫地扫地。有一个场景让人记忆犹新，每个连队吃饭前都要站在外面排队唱歌，有人说：“三多，你就一个人，你就别唱了，跟我们一起吃吧。”三多很执拗：“不，哪怕就一个人我也要唱。”而且，他唱的声音不比别人小。他在证明：“只要我在，‘钢七连’就在，‘钢七连’的精神就在。”

知道是没有力量的，相信并做到才有力量。大半年之后，他的团长把一部战车的模型送给了许三多，对他赞赏道：“你不仅守住了营房，还守住了你自己。”我最欣赏这句话，在没有人关注你，记得你的时候，你有没有守住对自己的承诺，有没有守住你做人的原则和尊严？你永远是你自己，这是最强大的内心支撑。

文强幸福感言

如果说高敏感度是一种天才素质，那么高行动力是一种更重要的素质。俗话说，勤能补拙，最重要的力量永远在你自己身上。

10
竹篮打水，收获在哪?

每天清晨，小明的爷爷都坐在桌边阅读书籍。小明也学着爷爷的模样，在一旁认真读书。

没过几天，小明就禁不住问："爷爷，我一直试图像您那样好好读书，但很多地方我还不太懂。您说，我花了这么多时间来读书有什么用呢？"

爷爷呵呵一笑，递给他一个放过煤炭的竹篮，说："拿着这个竹篮，取一篮子水来。"

小明提着篮子去了不远处的小溪。等他回到家中，竹篮里的水一滴也不剩。

爷爷笑着说："下次打水时，你必须跑得更快。"

这一次，小明跑得快了许多，但结果依然如此。小明告诉爷爷："用竹篮打水是不可能完成的任务。"说着，眼神里满是笃定。

爷爷说："你能够做到，只是你尝试得还不够充分。走，这次我跟你去打水。"

小明不服输，想再次证明给爷爷看，他盛满一篮水，飞快地跑到家，篮子中还是空空如也。小明气喘吁吁，得意地说："爷爷，你看，根本没有一点用。"

"你真的认为这样做没有一点用处吗？"爷爷说，"好好看看这个竹篮。"

小明仔细地打量了一下竹篮，露出了惊奇的表情，因为那个脏兮兮、黑乎乎的篮子已经变得洁净如新。

爷爷语重心长地说："孩子，阅读好书也是如此。你可能无法完全理解它，也记不住多少内容，但只要你用心阅读，就会在不知不觉间净化你的心灵。"

曾仕强快乐分享

读书如一夜"润物细无声"的春雨，涤荡着人们的心灵，很少被人觉知，就像这个小朋友打了那么多次水，还没有发现竹篮洁净如新一样。几千年来，书籍从甲骨、竹简到纸张上的文字，直至今天的电子书，虽然承载的形式变了，但汇集的内容却始终是我们人类智慧的结晶。古人云："书中自有黄金屋，书中自有颜如玉。"十几载寒窗苦，就是为了要考取功名，成家立业，光宗耀祖。其实，读书不仅可以获取知识，让我们有一技之长，有了谋生的手段，更重要的是涵养德性，开启智慧。

很多朋友抱怨："现在的工作生活节奏这么快，哪有时间读书？"那是他们还未意识到读书对身心灵的健康，对自身的发展有多么重要。好的书籍，不仅可以缓解心理压力，反而给我们注入能量。读书是一个相当长久的工程，需要我们一生去学习，这就要制订一个漫长的读书计划。那么，那些书籍可以滋养我们的心灵呢？

我们以古代典籍为例，小的时候一般读儒家的经典，因为儒家是让我们“求生”的，这是生存的前提，否则其他都是空的。但一辈子都读儒家的东西，你会很辛苦，因此要到某一个年龄段开始读道家的东西。道家让我们“保生”，年轻的时候还谈不到这个问题，但到了青年期快进入壮年的时候，“保生”就非常重要，那个时候保不住，以后连命都没了。最后要读《禅宗》，才能“乐生”。你一生一世的追求是什么？一句话就讲明白了：“我们哭着来，要笑着回去。”为什么人要“求得好死”？就是要笑着回去。如果你哭着来又哭着走，那你这辈子白来了，下次还来“售后”。总之，读书要先学孔子，再学老子，然后学六祖禅宗。

有一本书，我要特别强调，那就是《易经》。脑子里没有一点《易经》的东西，你的智慧不会开，什么都看不懂，只会死背。《易经》不是知识，如果是知识它就不管用了，哪有几千年前的知识现在还管用的？《易经》给我们的是思路，你看完《易经》或许就了解了中国人。我们跟西方人不一样的地方，就是思路不同，不是知识不同。现在，知识已经没有国界，但是思路各有不同，所以才会产生不同的文化。

文强幸福感言

我们不仅要有职业生涯规划，还要有一个伴随我们人生不同阶段的读书计划，为我们的心灵成长注入智慧的活水。

11 乐观地憧憬，积极地行动

从前，有只鸟儿不幸被猎人活捉。它开口对猎人说：“高贵的老爷啊！你食用的牛羊已不知有多少头，也不知有多少骆驼已被你宰杀，尽管你仍然不满足，仍嫌吃得不够，但我这么点骨架实在不够你塞牙缝的。不如我对你说出三个忠告，你把我放掉吧！到时你就会知道我是否聪明。这于你并无多少损失，却得到了精神收获。”

猎人问道：“你的三个忠告如何告诉我呢？”

鸟儿从容回答：“在你手中时我先说第一个，当我飞上屋檐说出第二个，等我飞上枝头再说出第三个。这三个忠告将保你终生幸福。”

还在猎人手中的鸟儿说出了第一个忠告：“你不可轻信人们的空谈。”

说完，猎人便松开了手，鸟儿飞到屋檐上，说出了第二个忠告：“逝者不可追，过去的事情就让它过去吧！不要再后悔。你可知道，我身体里面有一颗巨大的珍珠。我可向天发誓：你只要有了这颗珍珠，定能保你的子孙幸福。你竟将它丢失，损失实在太大了。”

听了这番话，猎人禁不住失声痛哭起来。

鸟儿道："你怎么竟听不进我的第二忠告，过去的就让它过去吧，不必后悔！"

随后，它飞到院中一棵树的枝头，笑着说："我的第三个忠告是，不要相信任何的无稽之谈。我全身重量连三个第拉姆（古代伊朗的一种重量单位）都不到。如果说肚子里装着一颗硕大的珍珠，岂非笑话！"

此时，猎人如梦初醒，他停止了哭泣，说道："请将你的第三个忠告说出来吧！"

鸟儿无奈地摇了摇头："我不是都说得很明白了吗？"说完，便展翅飞走了。

中原快乐分享

这只鸟儿的忠告句句都透漏出智慧，也给我们以警醒：自己是否也有过类似的举动？

见到别人只高谈阔论，不付诸实践，我们也许会心生不屑：“吹什么牛，有本事做出来啊！”但有时，我们也只谈理想，却没有为之奋斗，又该如何看待自己呢？我们不可轻信人们的空谈，自己也不能只动脑，动口，不动手。“光想不练空把式，光说不练假把式。”也许你会说，理想太遥远了，我只是憧憬一下而已，未必能做到。可你不努力去做，连实现的机会都没有。怕苦累艰险，就不可能有所成就，所有的梦想都是空谈。想改变命运，赢得机会，不要依赖于别人，要靠自己去争取。所以，有梦，就勇敢地去追求，去实践，这才不枉此生。

人为什么会怕？因为不确定，因为会改变，因为对未来的不可预知。为什么会悔？因为对自己的不自信，不努力。每逢劝慰别人，我们总是习惯说：“逝者不可追，过去的事情就让它过去吧！”可是，当不如意的事情降临到我们自己身上，是否也能如此坦然接受？当亲人逝去，当容颜老去，当情缘随风而去，除了怅然若失，悲痛难过，心中是否还有几丝悔意？“如果能多陪陪父母该有多好！”“如果年轻的时候努努力，我还可以过得更好。”“如果当初我能好好珍惜这份感情，也许我会很幸福。”……可是，已经没有如果，生活不可能给你再来一次的机会。所以，珍惜现在的每一天，每一分，每一秒，不要给自己留下遗憾。

我们不相信空谈，更不相信任何无稽之谈。在这个繁杂的世界，信息如汹涌的潮水般涌来，各种各样的新闻像一个个浪头打过来，从国家大事，到八卦新闻，很多捏造或者失实的报道掺杂其中，企图蒙蔽我们的双眼。甄别事实真伪，不被舆论盲目左右，需要我们有一种淡定的心态。很多事情，只要冷静下来，略微思忖一下，就能找到其中的破绽，如同识破那只小鸟体内怎么会有一颗硕大的珍珠一样。他人的经验我们可以借鉴，其实生活中最好的经验要靠自己亲自体验。我的儿子刚刚一岁半，话也说不清楚。有一天，我往杯子里倒了一杯滚烫的开水，他在屋子里走来走去，如果把那个水杯扒倒，可能会烫到他。我告诉他不可以摸，他听不听我的？我做了十年的培训，能不能培训他？我让他去摸，他烫了一下，把手缩了回来，以后再让他摸，他都不会摸了，这就是人生的第一手体验。

文强幸福感言

不空谈，不后悔，不相信无稽之谈，而是乐观地憧憬，积极地行动。当我们有勇气去实现梦想时，世界就会为我们开出一条路。

12 如果愿意，你也可以创造奇迹

又到了澳大利亚每年一度的耐力长跑比赛。选手们要从悉尼跑到墨尔本，全程 875 公里。他们每 18 个小时就有 6 个小时的休息时间，但要跑完全程也需要五六天的时间。

有一年，有 150 人报名参赛，他们都是 30 岁以下的年轻人，个个身强体壮，一看就是训练有素的长跑高手。但选手中有一位老者格外突出，他叫克里夫·杨，当时已经 61 岁了。

很多观众非常诧异："他行吗？""能跑下来吗？"

甚至有一些热心人劝他退出比赛，担心他的身体吃不消。

他却信心十足地说："我能行！我经常跑上两三天追赶羊群，这次不过再多上两天，没问题！"

比赛一开始，年轻的选手们就把克里夫·杨远远地甩在了后面。他只是默默地用均匀的速度不停地向前跑。当其他选手们休息的时候，他稍稍休息一会又接着向前跑。于是，跑到晚上时，他已经赶上了许多选手。第二天，他竟超过了大部分选手。最后，他以 5 天 15 小时 4 分的好成绩取得了第一名，比以往的纪录整整提前了 9 个小时。

61 岁的老人不但连续跑完了 875 公里，而且速度竟然超过了年轻选手，夺得了冠军，这自然引起了国内外各大媒体的关注。原来，克里夫·杨是澳大利亚的一个普通农民，家里有两千英亩土地、两千头羊，但是生活并不富裕。由于没钱买马或摩托车，他只能靠着自己的腿脚来牧羊。在暴风雨到来前，有时候要日夜兼程地跑上两三天去归弄他的羊群。在这样日复一复的牧羊生活中，他练就了强健的体魄与坚持到底的毅力。这个长跑冠军也是实至名归。

夏耀辉快乐分享

所有的奇迹好像都来得那么突然。每次等我们深入了解后才发现，原来那里有年复一年的坚持，有别人难以想象的寂寞，还有每天一点点的进步。当我们展开那漫长的岁月的画卷，看到他们一路走来的斑斑脚印，才终于释然：原来他们的成功不是偶然，而是必然；他们的故事不是传奇，而是最真实的记录。

如果你还没有长期的积累，就不要凭一时的心血来潮，还期待有好的成绩。如果以中彩票的心理去做事，那么失败的概率会让你输得很惨，很难堪。对每个人而言，只要每天进步一点点，就值得我们欢呼雀跃。

荷塘里有一片落叶，它每天会增长一倍。假使 30 天会长满整个荷塘，请问第 28 天，荷塘里有多少荷叶？答案是，只有四分之一荷塘的荷叶。

这时，假使你站在荷塘的对岸，你会发现荷叶是那样的少，似乎只有那么一点点。但是，第 29 天就会长满一半，第 30 天就会长满整个荷塘。整个过程中，荷叶每天变化的速度都是一样的，可是前面漫长的 28 天，我们能看到的落叶都只有那一个小小的角落。很多人常常只对“第 29 天”的希望与“第 30 天”的结果感兴趣，却因不愿忍受漫长的成功过程而在“第 28 天”放弃。

每天进步哪怕只有 1%，70 天后可以翻倍；每天下降 1%，69 天后业绩减半。平时差一点，关键时刻就会差一大截。竞争残酷的奥运会，冠军和亚军也就只差那么一点点，但是知名度和收入却相差甚多。这也就是所谓的“失之毫厘，谬以千里”。

文强幸福感言

每一个人都可以是奇迹的创造者，只要你每天都有进步，还要耐得住岁月的煎熬。

13
努力做自己

小狗汤姆正在四处找工作，但忙碌了很久还是一无所获。他垂头丧气地向妈妈诉苦："我真是个废物，没有一家公司肯要我。"

妈妈问："蜜蜂、蜘蛛、百灵鸟和猫他们找到工作了吗？"

汤姆满脸的委屈："蜜蜂当了空姐，蜘蛛在搞网络，百灵鸟是音乐学院毕业的，现在当了歌星，猫毕业于警官学校，所以当了保安。我和他们不一样，我没有接受过高等教育，没有那么高的文凭。"

"还有马、绵羊、母牛和母鸡呢？"妈妈继续问道。

汤姆叹了口气，说："马能拉车，绵羊的毛是纺织服装的原材料，母牛可以产奶，母鸡会下蛋。我和他们也不一样，我什么能力也没有。"

妈妈走过来抚摸着汤姆的头，亲切地说："孩子，你的确不是一匹拉着战车飞奔的马，也不是一只会下蛋的鸡，可你不是废物，你是一只忠诚的狗。虽然你没有受过高等教育，本领也不大，可是，一颗诚挚的心足以弥补你所有的缺陷。无论经历多少磨难，都要珍惜你那颗金子般的心，让它发出光来。”

汤姆使劲地点点头，眼里闪过一丝希望的光。

又过了一段时间，汤姆不仅找到了工作，而且当上了行政部经理。鹦鹉不服气，去找老板理论：“汤姆既不是名牌大学的毕业生，也不懂外语，凭什么给他那么高的职位？”

老板回答地简单明了：“因为他是一只忠诚的狗。”

曾仕强快乐分享

人生不可能处处晴天，时时安好，可遇到不如意的境况，还能淡定自若、笃定自我的又有几人？挫折会打击我们的自信心，如果连续遭遇挫折，很可能对自己都产生了怀疑："是我真的一无是处，能力欠佳，还是错了方向？"很多人都遇到过和汤姆一样的状况，面试处处碰壁，努力追求的东西还是离我们那么遥远。当你对自己产生怀疑，放弃自己的原则，当初的理想，就会被社会上的巨大"盲流"裹挟进去，从此，和其他人一样随波逐流，再也找不到自我。

俗话说，当局者迷，旁观者清。我们了解别人很容易，了解自己却并非易事。庆幸的是，汤姆的身旁有一位人生的导师，从而坚定了他的信心：努力做自己，永远不放弃，定能发出自己的声音，放射出属于你的光芒。幸福其实就是做你自己，英文叫做"Be yourself"。我们现在都会讲，但不知道其中的真正含义。想了解它，就要知道儒家所提倡的两个字"慎独"。

提到"慎独"，很多人认为，就是当一个人的时候，你要特别小心，特别守规矩、特别谨慎。难道人多你就可以乱来吗？我所理解的"慎独"，是指你生下来就有你独特的一面。每一个人都是不同于别人的，但遗憾的是，现在我们的教育把所有人都教成了同样的，而且大家也慢慢去认同这种同样，管它叫"时尚"，还炫耀说"我们这个年龄就应该这样"。

做你自己，就是保持自己独特的一面，不能因为有外界的影响而放弃，否则太可惜了。每个人来到这个世界，是要做不同的事情。世界上没有两片完全相同的树叶，也没有两个人一模一样。你要跟别人“有一点不同”，不是完全不同。完全不同是做不到的，因为人与人之间都有共性，但不要在共性里面显得很唐突，难就难在这里：你维持自己的作风，大家还可以接受你。

文强幸福感言

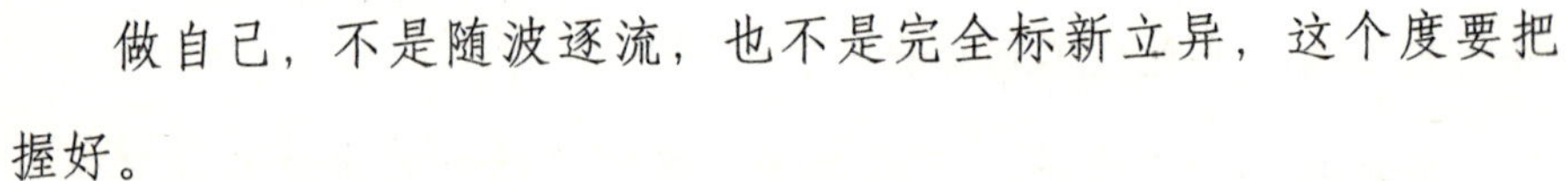

做自己，不是随波逐流，也不是完全标新立异，这个度要把握好。

14
命运在自己手中

有一个年轻人自小聪明伶俐，在当地小有名气。长大后，他决定去拜访天下名师，而拜访的目的只有一个，就是回答这些名师的问题，以此证明自己的聪明才智。

当地的一位老人听说了此事，为了点化这位年轻人，便告诉他："在某地有一位著名的禅师，你如果想证明自己，就一定要回答对那位禅师的问题。"

年轻人听了很兴奋，当即前往去拜访那位禅师。当他风尘仆仆地来到禅师的住处，禅师正手里拿着一只鸟。淡然地站在门后。

年轻人向禅师表明了来意，禅师看了看他，问道："既然你如此聪明，那你猜猜我手里的鸟是死的还是活的？"

年轻人闻言一时语塞，额头的汗不禁冒了出来："如果我说鸟是死的，禅师就会放开鸟让它飞走；如果我说鸟是活的，禅师就会将它掐死。无论我说什么，都是错的，而禅师永远是对的。"

看着眼前这个面露难色的年轻人，禅师微微一笑，和蔼地说道：“朋友，人生没有对错，但是命运掌握在自己的手里。”

王晨阳快乐分享

我们无权怨天尤人，哭诉自己的痛苦与不幸，因为我们要过怎样的生活，由自己说了算。生活的现状是自己行动的归宿，你过得好不好，要看你做得好不好。我们都是普通人，又可以变得不普通，如同那只鸟的生与死，命运都在我们自己手中。

不管一个人有多么辉煌的成就和背景，多么高深的学历和智慧，都离不开普通人的需求和特质。比如，“生老病死”，他能逃得过吗？再优秀的人同样面临这个挑战。“求不得”他也会经历，尽管非常努力但最终还是因为种种原因未能实现。他喜欢对方，但是人家对他无意；本来他想活100岁，结果70岁就走了；他想带领企业闯进世界500强，却还在中国500强里打转。

普通人都会遇到烦恼、挫折、挑战、压力，同样逃离不了诱惑。有一个朋友跟我抱怨：“现在的人怎么那么缺乏忠诚度！我老婆非要跟我离婚，我无可奈何，但我要留住手下的一名好员工怎么就那么难！有一个小姑娘，在我六年前创业的时候就来了。她是个应届毕业生，六年多我一手把她培养起来，让她变成了业务能手，还做了总监，结果前两天辞职了。走的时候还跟我讲：‘我舍不得走，老板您真是好人，但我还是要走，因为那家公司给年薪60万，您这儿才给我40万，而且您也不同意来年给我加薪到60万'。"

遇到类似的问题不必想不开，对方也是普通人，都有普通人的需求。当这样想的时候，很多问题就会迎刃而解。我们自己何尝不是如此？普通人容易犯各种错误，包括骄傲、决策失误，偏听偏信，甚至懒惰，偶尔的消极、沮丧一下。

"反者道之动，弱者道之用。"你越把自己看做普通人，就越不犯普通人的错误。我们知道自己的边界在哪，也就更明白其中的制化之道，脚踏实地去做事做人。能够很好地驾驭自己，透析他人，这时的你还会普通吗？

文强幸福感言

很多人习惯把自己看得很高，却往往容易"阴沟里翻船"。为什么有的人能完成不普通的壮举？因为他们认为自己就是普通人，心甘情愿从小事做起，从打地基开始，但有一天，你会看到一栋高楼耸立云天。

15
20岁时的生活状态决定50岁时的生存质量

在巴基斯坦西北角和帕米尔接壤的喜马拉雅山深谷里，生活着一个奇特的民族——罕萨族（Hunzas）。他们被认为是世界上最健康长寿的民族，平均寿命在100岁以上，据说900年都没人得过癌症。他们是怎样生活的呢?

罕萨族有6万多人，过去2000多年来，几乎与外界完全隔离，但现在已成为西北基思坦的一部分。罕萨人很少生病，癌症、心脏病、血压异常等现代人常见的慢性疾病更是少见，连外貌和体能也都比实际年龄年轻许多：145岁的老爷爷还可以跳起来打排球，90多岁的老奶奶看起来只有四五十岁。

罕萨人饮用的是冰河融化的水，几乎不食用动物性食品，肉对他们而言是罕见的奢侈品，一年只有几次喜庆场合才会吃。平时，他们以天然的蔬果为主食，因为缺乏燃料，所以蔬菜多以生食为主。罕萨人栽种蔬果不使用化学农药、肥料，而是以家畜的粪、蔬菜屑、落叶等作为堆肥，既无污染又营养丰富。

除了蔬菜和水果（水果以桑葚和杏仁为主），罕萨人多食用小麦和小米，并且常与埃及豆、黄豆、大麦和豌豆等一起磨成粉食用。制作过程中，仍然保留表皮和胚芽。奶类主要以羊奶及其加工而成的奶酪或发酵乳为主。

蔬食为主的饮食、天然无污染的食材、未被破坏的自然生活环境，再加上罕萨人知足快乐的性格，造就了这个世界上最健康的民族。

傅杰英快乐分享

如果完全按照自然规律去生活，我们可能不只活 100 岁，活几百岁都没有问题。可为什么现代人连百岁都很难企及？污染、疾病，压力，等等，把我们原本健康的身躯一点点残损。既然意识到了问题所在，我们就要尽量避免。身体是革命的本钱，需要我们细心呵护，尤其是 20 ~ 50 岁阶段，正处在职业生涯的黄金期，对身心灵的养护更不容懈怠。

20 岁时的生活起居、身体状态，决定了 50 岁时的生存质量。每个人的身体状况都有其“前世今生”。你现在的身体状况和生命感受，和你前十几年的积累有很大关系。一个人的积累是从父母那儿开始的，如果家长很注意小孩子的养育，让他们生活有规律，站有站相、吃有吃相，就会不由自主地让孩子形成一种良好的自我约束能力，性格平和、不争强好胜，成年之后自然少有过度抽烟、喝酒、交际的不良习惯。人的行为都是跟着心走的，你有怎样的心，就会做出怎样的行为，也决定了你老年的状态。

我们现在的养生状况还关系到自己的后代健康。养生是对生命的保养，一是保养你的心，即保养神，二是保养行。保养神就是完善性格、心态，保养行就是注意你的吃喝拉撒、女性的月经、五脏六腑的疾病，生活起居不能熬夜、根据四季吃点什么、避寒就暖，等等。养生里面，养神最重要。父母的神好，你的后代就神好，行为必定中庸、比较合乎生命的规律。如果母亲性格焦虑、急躁、郁闷、嫉妒心很强，养育出的孩子也会有她的影子。我发现，凡是小孩经常哭闹，容易得病的，孩子的妈妈也都比较敏感，沉不住气，母亲的性格会无形地影响到孩子。

养生要养成良好的生活习惯，但习惯形成就一定能健康长寿吗？有的人三餐非常规律，吃得也很清淡、很讲究，家里面贴着健康食谱，什么时候运动雷打不动，晚上到点也一定睡觉。那么，这种人是不是就意味着不得病？有的女孩对生活的细致简直无以复加，处处注意，但唯独有一颗不安的心，郁闷的心，嫉妒的心。这种女孩再怎么养也养不出什么效果。有些成功人士也是如此，他们一般都是打高尔夫球健身，吃东西非常清淡，吃的甚至是专门为他定制的油。结果，脂肪肝消不了，血脂、血压就是降不下来。为什么？压力太大。我也见过一些老人，照常吃肉，心脑血管一点没问题，他们有一个特点，就是心宽、敦厚，所以，憨人有憨福，讲得就是这个道理。

文强幸福感言

养成良好的生活习惯，还调养好自己的心，如果心安抚不好，再怎么养生也无效。

第三篇
幸福是一种感受

人们都说向前是成功，那向后呢？
音乐有节奏才动听，画卷有层次更悦目，人生有了起伏才现苦乐之巅。
想要精彩，还是恬淡，问问自己的梦，与那现实仅在一念之间。
人间有大爱，山河有大美，人生有大梦。谁能没有梦？
张爱玲说："成名要趁早。"但成功还是慢慢来得好。
每天进步一点点，人生的大梦才能实现得圆满、超然。

1
双赢才是真的赢

在一个偏僻的小山村里住着一个大龄男青年，他家境贫寒，只有一头牛与他相依为伴。

看到村子里的小伙伴都相继成了家，他也希望能够娶到心仪的妻子，组建幸福的家庭。于是，他向上天许愿：如果能够让他娶到心爱的人，他愿意把自己唯一的财产——那头牛白白送给他所不认识的人。

他的诚意终于感动了上天，他如愿以偿地娶到了自己心爱的妻子。不过，结婚之后，他又陷入了苦恼之中：“要把自己唯一的这头牛白白送给不认识的人，那以后的日子怎么过呀？有什么办法既能够兑现自己的诺言，又不让自己损失太大呢？”

妻子觉察了他的不安，问他是怎么回事。他如实向妻子讲述了自己的忧虑。没想到，妻子帮他出了一个主意。

到了这个山村赶集的时候，他带上那头牛和一筐黄瓜，站在高坡上大声吆喝：“卖黄瓜啦、卖黄瓜啦……”

他的声音很大，很快招来了许多村民围观。

有人问他："你的黄瓜怎么卖呀？"

他大声回答："两千块钱一筐。"

村民一片哗然："哪里有这么贵的黄瓜？"

听到大家的质疑声，他解释道："我的黄瓜卖两千块钱一筐，但是白送一头牛。"

很快，有一位村民高兴地买下了那筐黄瓜，也牵走了那头牛。

这样，青年既兑现了自己的诺言，也有了过日子的费用。他相信，依靠自己勤劳的双手，很快会再拥有自己的一头牛。

朱小明快乐分享

这是一个双赢的局面，大家各得其所，皆大欢喜。很多影视作品，无论情节多么曲折，结局都很圆满。执著于爱情的终于获得美人芳心，追求事业的最终小有成就，即使没有梦想成真，也会有意外之喜。为什么这种大团圆的结局最令人心生欢喜？因为没有人是输家，或多或少都有收获。这何尝不是我们行事所追求的一种境界？

有人说，人不为己天诛地灭，我凭什么要顾及他人的利益？你可以无所顾忌，当你为了获取某些利益而伤害了家人、一起长大的伙伴、一起打拼的兄弟，即使你一时得到了些什么，你能真的快乐吗？其实，我们给予别人关爱，让别人快乐，我们的快乐也会加倍，这是一种大爱，舍弃一部分利益，往往有更大的利益在不远处等你。

怎样能够达到双赢的效果呢？以沟通为例，我们做事情，跟别人打交道，首先要有一份关心在里面，关心对方的现状、对方的需求、对方的难处。假如你是业务部门，你去找财务部门开张发票，人家忙得不可开交，你过去说：“×××，帮我干个事情。”

“我没有时间。”人家为什么拒绝？因为你没有看到人家的现状，也没有体现出关爱之心，而且对方很可能有难处。

如果你说：“×××，有什么要我帮忙的吗？”

对方说：“我马上要到另外一个部门送发票过去。”

你马上说：“我帮你送过去吧，你能不能帮我把这个事情办了？”

“没问题。”人家会很爽快地答应。

文强幸福感言

做任何事情都不要自我、更不能自私，多一份关爱，才能通过双赢维系一种更稳定、更长久的关系。

有些事，不该你来扛

众所周知，猴子动作敏捷，反应非常快，要想抓住它们可不是一件容易的事，尤其在广袤的非洲。在茂盛的椰林中，猴子的攀援能力更让猎人们望尘莫及。怎么才能抓到猴子呢？

有个猎人想出了一个办法。他知道猴子爱吃花生，于是在一个椰子上挖一个能够供成年猴子爪子平伸进去的洞，将椰子掏空后在里面放几粒花生，并且在椰子的另一头拴上一根长长的绳子。猎人把这个特制的椰子放到猴子经常出没的地方，手里握着绳子的另一头躲在较远的树后。

不一会，猴子就被椰子里面花生的香味吸引了过来，它把爪子伸进椰子里，想把花生掏出来，不过平伸进去的爪子一旦抓住了花生，握成了拳头，就被椰子上的小口卡死了，怎样也抓不出来，急得猴子吱吱乱叫。

这时，猎人出现了，猴子赶紧逃跑，却仍然舍不得放下那几粒花生。由于爪子上还套着椰子，猴子的攀援能力大打折扣。等猴子刚爬上树，猎人便不慌不忙地把手中的绳子一拉，猴子就被摔在了地上，束手就擒。

夏耀辉快乐分享

猴子贪吃花生，所以被猎人捕获。如果我们被一些本不该我们处理的事情所牵绊，同样会被压力、烦躁等一堆“猎人”所捕获。身在职场，难免会身陷焦虑，甚至被洪水般的工作袭击，让你异常抓狂。很多人都在抱怨：“工作整天忙得要死。”可你是否静下心来想过：“我手头的这些工作，是我该负责的吗？有没有本该别人负责的，我却不知不觉地扛了下来。”

忙并不可怕，就怕“盲目地忙”，“忙得茫然失措”。美国的威廉·安肯三世写了一本很有趣的书——《别让猴子跳回背上》，书中将跳来跳去的猴子比喻成一件工作或一个问题。回想一下，你是否有过这样的情形：在走廊上碰到一位下属：“李总，我能不能和您谈一谈？我碰到了一个问题。”于是，你专心听他细述问题的来龙去脉，一站便是半个小时，耽误了原先你要做的事。听完你才发现，你所获得的信息只够决定是否要介入此事，并不足以做出任何决策。于是，你说：“我现在没时间和你讨论，让我考虑一下，回头再找你谈。”

“猴子”原本在下属的背上，你们谈话时，它的两脚就分别搭在你们两个人的背上，当你表示考虑一下时，它便移转到你背上。你接下了下属的角色，而下属则变成了监督者，他会隔三岔五跑来问你：“那件事办得怎样了？”如果你的解决方式他不满意，还会强迫你去做这件原本他该做的事。

长此以往，你养了一大群别人的“猴子”，被堆积如山、永远处理不完的问题所困扰，甚至没有时间照顾自己的“猴子”。

华人首富李嘉诚在分享他的管理经验时指出：我的管理秘密很简单，就是让下属成为驯猴师，照顾好他们自己的猴子，你才能真正从日常事务性工作中解脱出来，才有更多精力和时间来思考更重要的事情。

文强幸福感言

身为职员，管好自己的“猴子”，是对自我能力的历练。身为管理者，让员工去抚养他们自己的“猴子”，是对管理能力的考验。

赞美你身边的人

很久以前，两个书生被任命去做县官，他们离京赴任之前，相约去拜访主考老师。

老师对学生说："如今世上的人都不走正道，逢人便给戴高帽子，这种风气不好！"

一个书生说："老师的话真是金玉良言。不过，现在像老师您这样不喜欢戴高帽子的能有几个呢？"

老师听了非常高兴。谈话结束，二人一起走出了老师的家。这个书生对另一个书生说："高帽子已经送出一顶了。"

许晋快乐分享

一个人不喜欢别人乱戴高帽子，但换一个角度给他戴个高帽子，他还是会笑纳，这就是恰到好处的赞美。但一说到赞美，很多人觉得就是拍

马屁，没什么出息。但是，在这个社会上，会赞美的人往往机会更多，收入也更高。你不屑“赞美”只有一个原因，你不会。无论是与朋友交流感情，还是与客户进行商务会谈，甚至和家人在一起，赞美都会让你收获好心情，好氛围，也能顺利达到沟通的目的。

但赞美也有一定的技巧。我经常问我的学员，赞美的对象应该是我们身边的人还是领导？80%的人回答，首先是下级对上级，然后客户经理对客户。但你有没有发现，优秀的领导是不是经常激励员工，是不是经常说员工的好话？职位越高的人面相越慈善，总是面带微笑。反倒是那种职位不高的人脾气很凶。所以，赞美不仅是下级对上级，也不仅是客户经理对客户，而是首先要对身边的人。

赞美他人有两方面的好处：第一，经常赞美身边人，久而久之会养成一种赞美的习惯，给上级汇报工作，与客户交流的时候，赞美人家才显得更自然。第二，你赞美别人，反过来，别人也会说你的好话，慢慢地你也认为自己真的很优秀，自信心大涨。

为什么有的人平时人际关系很差？因为不说别人的好话，不懂得欣赏和赞美别人，别人自然也就不会欣赏你。有一次，我去宁波上课，一位老总课后跟我交流："许老师的课讲得非常棒。听你的口音不是北京人，你老家哪里的？"

我说："我老家贵州的。"

他说："贵州那个地方穷啊！"

你想象一下，这话一说出来，我们还能很好地沟通吗？

我问他是哪里的，他说是湖南的。这时，我旁边有一个贵州人过来插话："老师，我也去过湖南，湖南出土匪。"我们刚才的对话被他听到了，所以他也要来说说湖南的不好。

还有一次，我去另外一个企业讲课，一个50多岁的处长同样问我："老师，老家哪里的？你的课讲得不错，不像北京人。"我说我是贵州的。"贵州那个地方好啊，山明水秀，原生态。"我跟他聊天得很开心。原生态跟穷有什么区别？就是换一个说法。如果大家要去旅游，建议大家去贵州，我的家乡真的很美，没开发出来。大家换一个角度看，经济没有发展有很多的好处，民风纯朴，生态环境保护得很好，适合旅游，把人生回归宁静的状态。

赞美一定要真诚，虚情假意，一听就能感觉得到，不但不能给你加分，反而有损你在对方心目中的形象。另外，赞美还要选择好时间点，当你发现细节变化的时候，在你受到感动的时候，一定要及时地把它表述出来。因为，赞美也有有效期。

文强幸福感言

赞美身边人，就是给自己创造一个良好的环境与氛围。

4

让你的老板先说话

有一天，两名员工和他们的老板步行去吃午餐。走到街角，其中一名员工发现一盏古代的油灯，他们走过去，好奇地研究起来。

他们用纸巾将这盏油灯擦拭一新。突然，一个精灵从里面跳了出来。三人不约而同打了个冷战。

精灵说："你们不要怕，我是住在油灯里的精灵。你们唤醒了这盏油灯，我可以满足你们每人一个愿望。"

三人面面相觑。

"我先！我先！"最先发现油灯的员工说，"我想去巴哈马群岛，开着快艇，与世隔绝。"

"嗖"地一声，他飞走了。

"该我了！该我了！"另一个员工已经急不可待，"我想去夏威夷，躺在沙滩上，有私人女按摩师，免费续杯的冰镇果汁朗姆酒，还有一生中的最爱。"

“倏”，他也飞走了。

“该你了。”精灵对老板说。

老板的脸色有些难看：“我要那两个蠢货午饭后马上回来工作！”

朱小明快乐分享

有时候，在老板没有发令之前，你的任何努力可能都毫无价值。尊重领导的话语权，这一点很重要。很多人开会时说：“今天领导没来，那事情就好办了！”其实，这是在往陷阱里跳。要解决问题，有领导在是最好，因为我们不是要欺骗他，是让他更好地了解情况，从而尽快做出决断。

有任何问题都要及时向领导汇报：“老板，出现了这样一个情况，想跟您商量一下？”把你的问题和答案都准备好，让他做选择，这样的沟通会更高效。领导委派给你一项任务，千万别等快结尾的时候再汇报。事情已经进行到什么程度，大概花多长时间完成，要让领导知道，他才会放心，也会更放权给你。上级决策前，你可以提出质疑，而一旦他决定了，那你就没有质疑的权力，如果你不服，认为自己很牛，完全按照自己的思路去做，那你的结局可能比故事中那两个提前许愿的人还要惨。

与领导沟通不要因为畏惧、胆怯而不愿意接近，这是对自己的不自信。无论是和工作中的领导，还是家里的“领导”沟通，都有一定的技巧可循。

首先，你要了解领导最乐于接受的沟通模式。领导是视觉型的，喜欢看文字材料或者图画，那你打报告就要准备得图文并茂，或者直接把汇报的内容画出来。领导是听觉型的，你就讲给他听。怎么区分呢？可以观察一下他的工作习惯，或者其他同事汇报的效果。也可以自己尝试一下，体会领导的态度和沟通效果的差异。

另外，了解领导的习惯。比如，你的领导一般早上8:00到公司，10:00点去打高尔夫球，那什么时候跟他沟通效果最好？8:15～8:30之间。为什么？他来公司已经15分钟，该巡视完了，可能正坐在桌旁看书、看报，这时来跟他沟通，比较有效果。过了8:30，他可能要不停地开会，接电话，约见人，会很忙碌。还有一个比较好的时间就是他去高尔夫球场的路上。有一次，我有7个问题找领导沟通，15分钟沟通不完怎么办？我说："领导，我陪您去吧。"上了车之后，我把笔记本拿出来，跟他继续汇报。到了高尔夫球场，7个问题问完了。

知己知彼，百战不殆。与领导沟通的方式很多，无论采用哪一种，首先要了解他，从性格特征，到兴趣爱好、行为方式、思考模式，他的担心、恐惧、渴望。这样，你的沟通才能有的放矢，迅速高效。

文强幸福感言

跟领导沟通，追求效果有时比讲道理更重要。实操中，可以准备一个领导备忘录，以备不时之需。

5
经常去敲上级的门

无论我们出生在什么样的家庭，能有父母陪伴左右都是一件幸福的事。然而，并非所有人都这么幸运。有一个小男孩，7 岁的时候父亲不幸过世，母亲没有什么文化，只能去饭店做帮佣，为了生活，还改嫁了一个年长她 20 岁的厨师。

生活的艰辛并没有将男孩击垮，他努力学习，考上了台湾淡江大学的国际贸易专业。毕业后，顺利进入 IBM 工作。他连续 10 年获得 IBM 百分俱乐部奖，这一项 IBM 的全球纪录迄今为止无人打破。

2007 年，他加盟全球最大的数据库厂商——Oracle，历任 Oracle 总经理、华东华西区董事总经理。这个人就是李绍唐，多普达的总裁兼 CEO。

记者问他："您能达到现在的位置，您认为自己的核心竞争力是什么？是否可以分享三件事？"

李绍唐道："第一，尊重上级；第二，谈事实；第三，语调一定要低。"

记者继续追问：“您工作做完后会马上有什么新的任务吗？”

李绍唐回答：“一项工作结束后，我就会去敲上司的门，请他布置新任务，让上司随时了解我的进步，看到我的进步。”

刘博快乐分享

对于如何向上级请示汇报，我也深有心得。当初在微软任职时，我的上级是一个美国人，叫“卖颗螺钉”（Michael Rawding），也是吴士宏女士《逆风飞扬》一书中提及的她的老板。

第一次向这位老兄请示时，就被他顶了回来，只给了一个字“NO”，没有理由，没有解释，把我搞得很郁闷。于是，跟一个同事诉苦，那哥们儿听了一笑：“你不了解他，头一回请示，他的答案基本上都是NO，你过两天再去试试。”本着从善如流的原则，两天后我又去请示，果然顺利通过。那个同事解释说：“这是他的一种工作方法。如果你的事不那么重要，他否了也就否了，如果你认为很重要，一定会再找他的，那个时候他会认真考虑。”

由此，我也明了了一件事：老板嘴里的“NO”有真的，也有假的。一般而言，如果老板是认真的，通常会给你一个说“NO”的理由。因为在你看来很大的事，在他看来未必是，你必须站在他的立场考虑问题。在微软时，我领导的OEM部门负责大陆和香港地区的操作系统（Windows, DOS, Windows CE和部分Windows NT）预装业务，出于对中国市场客户的理解（1999年，方兴东博士的《起来，挑战微软霸权》一书引起了全国反微软浪潮，事件从“维纳斯计划”开始，但核心问题是Windows的价格太高），为降低中国客户Windows预装价格我曾经跟当时的大老板斗争了相当长一段时间，但结果并不如人意。当时，我为美国人的霸权和蛮不讲理而愤愤不平。直到离开微软前不久，大老板的一句话道出了其中原委：“中国的业务在我全球的业务中只不过是1%而已，你不能要求我为了1%的业务修改整个系统。”暂且不论比尔·盖茨“先让他们盗版，到时候再收他们的钱”一说，作为一个高级打工者，我的这位老板站在自己的立场来考虑问题无可厚非。当老板真的说“NO”，你没有办法，只有服从。

但有时候，老板说“NO”，很可能是在告诉你：你对事情考虑的不够周全；你的汇报不够清晰；你看问题的角度不对；或者你的汇报让他想到了其他你不知道的事情；也可能你太急于得到批准，而他恰好没时间来认真考虑；甚至正赶上他情绪不好……总之，你的表现或者运气没有让他信心十足地说“YES”，那么除了“以后再说”，也就只能说“NO”了。遇到这种情况，你最好不要急扯白脸地跟老板争论。因为事实证明，争论的结果大多会让你走入死胡同，没了任何回旋的余地。

我的建议是，当老板说“NO”的时候，不要马上反驳，先沉默一会儿，对老板说：“您让我再想想，您也再想想。”然后，赶快闪人，回去琢磨一下老板为什么说“NO”？他的“NO”是不是真的？如果不是，到底是什么原因？想好了，或者调整角度，或者理清思路，或者咨询身边的同事，有备之后再去请示，也许你会像当年我请示“卖颗螺钉”一样，得到完全不同的答案。

文强幸福感言

因为了解，所以信任。做好功课之后，再去敲上级的门，让他了解你吧！

6 富兰克林决策法

众所周知，富兰克林曾是美国的总统，但他还是相当知名的决策家，也是美国第一个白手起家的百万富翁。当遇到重大决定时，富兰克林是怎样做决定的呢?

他会拿出一张纸来，然后在正中央画一条线。接着，在一边写下“做”的理由，另一边写下“不做”的理由。每一边的理由都要足够的多，争取把所有“有利”和“不利”因素的都考虑到。

当他在想各种理由的时候，也是在梳理自己的思路。等把所有的点都列出来，要不要做，怎样做，也就了然于胸了。

刘必荣快乐分享

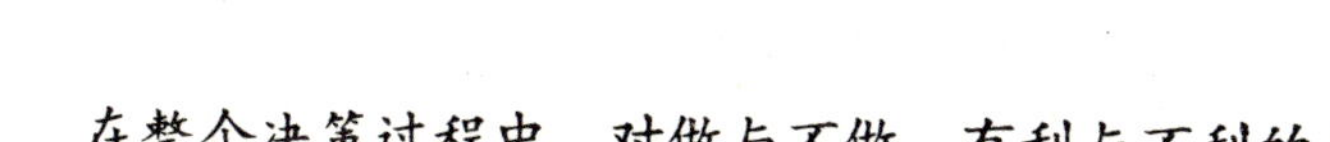

在整个决策过程中，对做与不做、有利与不利的考量，本身就是一种博弈。我们静心做决策，是和自己的对话，是说服自己的过程。但平时，更多的是与别人沟通，在双方的博弈中达到一种平衡，实现预想的结果。在某种程度上说，这就是一种“谈判”。那么，我们作为其中的一方，如何在谈判过程中锁住自己的立场呢？给大家介绍几个方法。

第一，民意。因为民情激昂，民意沸腾，所以我不能让步。这一般适用于政治谈判和外交谈判，如果是商业谈判，那就不适合了。你说：“王先生，我如果让给您，我跟我们公司成千上万的客户怎么交代啊？”对方回应：“您说严重了，不必交代。”

第二，你玩的是白纸黑字写出来的东西。有的时候，我们会把公司里面的一些政策、规定拿给客户看：“你看，公司文件有规定，我们没法让吧。”谈判的时候，桌上摆着这张纸是有用的，就跟说相声的一定要拿把扇子是一样的道理，是必备的道具。我们常常讲，对事不对人，可是桌上如果没有这张纸，明摆着就是“对人不对事”。而且，因为不能让，所以我们坐位置要隔角坐，不能面对面坐，这样比较有伙伴的感觉。

第三，借用第三者。“公司不是我的，所以我不能让步。”这是最朴素的谈判方法，很多人都会。

第四，没有能力。两车对峙，狭路相逢，他要过来，我要过去，有什么办法让他闪开，让我过去呢？你有很多方法，其中一个就是“我不会倒车”。这也是一个无赖的部署，但是有人也会用，有时推给制度、法律、能力和公司等。

第五，伤害自己。“不要过来，过来死你面前。”绝食的、跳楼的、自焚的；小孩不吃饭，老人不吃药，有人会用这种方法，我伤不了你，我伤我自己。

另外，专业知识也是锁自己的方式，我常常告诉学生，专业知识不是刀，最好拿来当盾牌，没事不要卖弄你的专业知识，否则对方看你会很讨厌。可是，当人家咄咄逼人的时候，可以偶尔露两把刷子，告诉对方“我不是省油的灯”。

我们都锁紧了，明确表达了自己的立场，如果对方不能接受，那怎么谈呢？我都留了解套的空间。

民意调查怎么解？你再调查一次就可以了。“民意像月亮，初一、十五不一样。”

白纸黑字怎么解？有例外。每一件事情都有例外，所以我就帮你找找看，找到另外一个法令，也许就可以解套。

第三者怎么解？改变主意：“哎，好消息，昨天晚上那些提案通过了，他们改变主意了。”

没有能力怎么解？他人帮助。两车对峙，狭路相逢，有什么办法让对方倒车？你说新手上路，不会倒车。你“求爷爷告奶奶”让路人帮你倒一下，可以吗？

伤害自己怎么解？想开了。“昨天晚上梦到我死去的祖母，说这件事情就算了吧。”

专业知识怎么解？新发现。德国一个报告，日本一个报告，哪里又有一个新的研究发现。

唯一难解套的是抽象议题，比如“民族大义、祖宗八代的清白、个人死生荣辱”，这种东西摆在桌上怎么解套啊？“如果我错的话，我的姓倒过来给你写。”你发现除了姓王的、姓田的不吃亏以外，大部分人都吃亏。

话讲满了你出不来。

谈判的时候，对方从8000让到7400叫“放”，然后我锁自己的7000叫“收”，我解套也叫“放”。放—放，收—放，这叫节奏。所以，谈判是有旋律的，有收、有放、有拿、有给、有张、有弛。

文强幸福感言

谈判既是一门科学，也是一门艺术，把握好谈判的节奏，就能体会其中的精妙。

7 突破心理恐惧的防线

一个公司新招进来一批业务员，小贾就是其中的一员。他性格内向，不愿意与陌生人打交道，见到不熟悉的人，话都说不好，做起事来也容易乱了方寸。

有一天，销售主管把他叫进办公室："小贾，作为业务员我们要有一定的抗挫能力。我问你，你敢挑战自我吗？"

小贾坚定地说："我很想挑战自我，我很想跟陌生人说话，但就是不敢。"

销售主管鼓励他："兄弟，准备好100张名片，愿意按我的方式做吗？"

"愿意。"

"真的？做不到怎么办？"

"做不到我就不回家了。"

"好啊，那我就等你，等到晚上12点。"

"好，我一定做到。"

“去天安门广场换 100 张名片回来。”

“啊？真的换啊？”他一听就蔫了。从早上就开始犹豫，一直到下午 3 点才下决心去，因为晚上过了 7 点就没得换了，那时候出来的大多是不带名片的。

小贾急得满头是汗，硬着头皮去了天安门广场。

“这位小姐，我们换张名片吧？”

“神经病！”

换前 30 张名片时，他连人家的脸都没看清楚。当换回 60 张名片的时候，他很激动，感觉自己终于跨出了这一步。

陈震快乐分享

对销售人员来说，要想出业绩，必须突破心理恐惧这道防线。对于我们每个人而言，不也如此吗？心理的恐惧一天不消除，就不可能达到从容应对的状态。有的朋友一见到异性，就觉得不好意思；有的怕上台演讲，一上来就头脑空空，说话语无伦次；有的怕跟领导汇报，一进老总的办公室，腿就软，说话没底气。其实，我们都有和他人交往的愿望，只是首先要克服心理的恐惧，要多加练习，多去实践。谁不希望获得他人的好感，在公众场合赢得喝彩和掌声呢？

我的下属，尤其是新员工大部分都有这方面的困扰，作为在商场上扛过枪、打过仗的人，我要做好他们的心态训练以及沙盘演练。对于培训界的业务人员，我要求他们第一阶段先打电话，每天打 100 个，一直打到口干舌燥、眼冒金星为止。这 100 个电话不是打 114 问地址，而是找人的电话，沟通的电话。有的业务员打一个电话连 3 分钟都说不到就挂掉了，如果延续这样的情况，那他一个月，甚至一年都打不到 100 个电话。因为客户只要说不愿意、不高兴，对方还没挂电话，他就先挂了。第二个电话估计要 15 分钟以后才能打，因为他的心在“怦怦”跳。如果有了抗挫力，拿起电话就可以说得很到位，被对方拒绝也没关系，接着打下一个，而且放下电话还很高兴，这就叫“任督二脉”都打通了。

有的时候，讲谈判技巧是相对简单的一件事，就是要善于提要求。可是，让一个业务员面对陌生人提要求，你会发现这比让他去死都难。一个技巧的有效灌输，一定有好的心态做支撑。有一天，我在入住的酒店吃饭，结账时我随口问了一句："住在这里的客人可以打折吗？你们的大堂经理告诉我，到这里吃饭可以打折。"服务员这才反应过来："哦，你们是住在这里的？那好吧，我去问一下。"结果，他给打了8.8折。这是我的一种潜意识习惯。如果脸皮薄，我就不好意思说。业务员不好意思，就总是被别人牵着鼻子走。比如："既然价格这么便宜了，可不可以早点打款呢？"这叫提要求。"既然你们提了这么多要求，可不可以多打一点预付款？"这叫对等交换条件。

在现实生活中，人们往往自我设限太严重，想得太复杂，生怕被别人清蒸了、红烧了，其实没那么严重，我们每个人都可以走过来，都可以把工作做得更好，只要能从心理上突破自己恐惧的防线。

文强幸福感言

听销售技巧的课未必能听成销售冠军，但听销售心态的课却可以使你业绩倍增。

8

思路一换天地宽

有一家餐馆以创意菜肴著称，他们的口号是：只有想不到，没有做不到。

一天，餐馆里来了一位客人，要花大价钱点一道菜——油炸冰壶。菜单下了之后，可难倒了所有后厨的大师傅。有个师傅愤愤不平道："谁都知道水火不相容，冰火两重天，冰壶到了油锅里还不瞬间就化成一滩水？这人是不是故意来找茬的？"

老板听后，赶紧动员大家："先不管这些，这道菜关系到我们餐馆的声誉，谁要是能做出这道油炸冰壶，我重金答谢。"

这时候，厨房的一个小伙计挺身而出："让我来试试吧！"

只见小伙计在冰壶外裹上一层面粉，然后再下油锅炸。

菜一上桌，餐馆的每个人都屏住了呼吸。客人不慌不忙地拿起筷子，尝了一口，满意地点点头，最终慷慨付款，还给了小伙计一笔不菲的小费。

李宗颐快乐分享

其实，小伙计油炸冰壶的做法非常简单，如果你吃过"炸鲜奶"之类的食物，他的做法也就一点即破了。好的方案都是从异想天开来的。

据科学家研究，人的大脑基本利用率还不到10%，所以，全世界最大的荒漠就在我们的头发下面。无论遇到什么难题，都会找到合适的解决办法。

1984年的一天，时任美国奥运会组委会主席尤伯罗斯来到了他的办公室，会计告诉他，不仅财政一分钱不给，而且加利福尼亚州法律明文规定，不允许发行彩票募集奥运会的资金，目前账面上还有10多万美元的外债，他们没有任何钱来举办这场规模浩大的就像无底洞一般的奥运会。

去财政要钱，不给；募集彩票，不行。怎么办？换一种方式去考虑问题。

尤伯罗斯提出了“以奥运养奥运”的主办方针。他把全世界的经济领域划分为30个版块，每个版块只要一家赞助商，而且给所有的赞助商确定一个最低的门槛——少于400万美元别跟我谈。方案公布后，所有人都会想到，既然奥组委只选择一家赞助商，说明它肯定是具有代表性的，因此拿400万美元也在情理之中。

尤伯罗斯率先将橄榄枝抛给了胶卷行业、饮料行业和汽车行业，让他们“龙争虎斗”。比如，可口可乐和百事可乐历来是竞争对手，奥运会更是他们的战场。尤伯罗斯充分利用这一点，获得了可口可乐1260万美元的赞助。仅出售广告承办权，奥组委就赚了2亿多美元。其次，尤伯罗斯和他的团队又研究了出售电视转播权的收益。经过多轮竞争，美国广播公司以2.25亿美元买下了本届奥运会的电视转播权，并免费提供价值7000万美元的设备，总价值将近3亿美元。最后，尤伯罗斯竟然还想到了出售接力火炬，要求参加火炬接力跑的人，每跑一英里，就缴纳3000美元，最后赚取了3000万美元，捐给了慈善机构。

最终，洛杉矶奥运会只花费了5亿美元，却获得了2.25亿美元的净利润。这届奥运会开拓了体育产业的赢利模式。一场崭新的奥运会就这样载入了奥运会的史册，也给我们留下了深刻的思索与启发：在这个世界上，从来没有解决不了的问题。

文强幸福感言

思维方式有很多种，最让人称奇的大概就是所谓的灵光一现。尽管灵感思维可能产生于一刹那，但产生的条件源于长期的准备，必须拥有一定的知识储备以及一定的乐观情绪。

如果你的心中有一种需求，如果你的心中有一种习惯，把这种习惯和需求联系在一起，我想灵感的火花随时会拽着机会和财富来到你面前。

9 你的形象会说话

克林顿曾是一个非常浪漫、狂野的男人，在竞选总统之前，他的头发是红色的，他自己很喜欢。

然而，开始竞选之后，他的团队告诉他："你的红色头发看起来适合竞选黑帮老大，竞选总统是万万不行的。如果一个人的头发是红色的，他说的每一句话都会让人觉得具有戏剧性，非常夸张，缺乏专业的质感。"

听完团队幕僚的建议，克林顿开始寻找专家给自己搭配合适的发型。经过一番分析和测试之后，专家发现克林顿适合灰白色的头发，因为灰白色给人的感觉比较稳定，看起来也很绅士。

克林顿当选总统之后，他的发型几乎没有变过。同时，他的西装也保持不变，十几年来基本上都是同一个款式，领带也一直选择浅色系。正是这种合适的搭配，为克林顿当选总统打下了坚实的基础。

温瑞媛快乐分享

克林顿的穿着打扮未必是他竞选总统的主要因素，但一定有助他走向成功的作用。如果你还认为穿着不重要，“我爱怎么穿，老板管不着”，那你就 out 了。

事实上，下班的时候你爱怎么穿就怎么穿，没关系，但在上班的时候，你是公司的“广告人”，去客户家里，去公司拜访，都有一个形象的问题。试想一下，你是怎么从第一印象来判断别人的？那么，在别人眼中，会对你产生怎么样的联想呢？

通过外表，我们会透露很多信息，比如职业、年龄、习性，还有一个很重要的因素——信誉度。对方的品位怎样，能力、收入情况如何，教育背景、个性等，都会让你浮想联翩。

很多朋友都看过电视相亲栏目《非诚勿扰》，通常男嘉宾一上来，人家都还没讲话，女嘉宾就噼里啪啦地评论开了。我曾经看过一期，一个男孩子穿着西装上场，可是下面却搭了一双布鞋，他觉得那样很轻松。虽然人长得不错，但结果很糟，第一印象就剩下一盏灯。女嘉宾反馈：“我们见他，准备了 3 个小时，可他居然这样穿着，既不礼貌，也是对我们的一种不尊重。”

我们看电视求职栏目《职来职往》也会发现，第一印象非常重要。人刚一出场，马上有一半的人就灭灯了。为什么？因为你外在的形象和表现会说话。如果你做得好一点，就可以让人家往好的地方联想。

有人说："老师，我没钱啊，买不起那么贵的行装。"把自己打理得很好，其实钱并不重要，重要的是你怎么选对东西，穿对衣装。

提起成功人士，你一定会联想到良好的教育背景，宽广的人脉和学识，还有非常好的信用和形象。如果说只要做一点，我马上成为成功人士，那就是形象。你只要感觉像成功人士，就可以跟成功人士靠拢。无论去面试，或者交男朋友，抑或在丈夫面前，都会变成"好像不错"。形象有了，人家就很喜欢接近你。在很多场合，你跟人交换名片不算数，最主要是烙下印象。名片设计得很漂亮没有用，最重要是你的形象这张大名片。这个名片是走动的，你拿出来的名片只是它的一个衬托。

文强幸福感言

我们可以通过别人的形象来推测对方的种种，殊不知自己的形象也被烙印在别人的心目中。但是好，还是坏呢？

10
家务活中的项目管理

一个再普通不过的周末，夫妻二人在家休息，顺便做些家务。

目前，共有三件事要做。第一件事是拖地，需要30分钟，但是家里只有一个拖把；第二件事是擦玻璃，也要30分钟，也只有一块抹布；第三件事情是切菜，还要30分钟，同样，家里只有一把刀。

假设他们只有以上工具，那么完成这三件事他们需要多长时间？

有人说，两个人在一起工作的话，半个小时就能把这三件事情做完；有人回答45分钟；有人回答一个小时；还有人回答一个半小时。如果不破坏工具，完成这三件事他们到底需要工作多长时间，又如何安排呢？

张斌快乐分享

30分钟做完，怎么安排？有人说："捡最重要的，先把切菜了，先吃饭，擦窗和拖地明天再做，所以半小时就够了。"如果必须要在半小时内把这三件事情做完，一定会有人做得到。有人说："切菜交给爱人来做，这个时候我要把案板放在窗户边上，一手切菜，一手擦窗户。"他开始施展一般人所不具备的技巧。至于菜切得如何，窗户擦得怎么样，就取决于个人的水平和艺术了。

一般情况下，大部分人选择的是一个小时，一人先切菜，同时另外一个擦窗或者拖地，还有一件事要花半个小时做完。这就把三件事看成了三件事。但有的人很聪明："每件事情30分钟，一共是90分钟的事，让两个人做，从理论上说应该是一个人45分钟做完。"实现这个效果，你需要克服工具上的限制。怎么做呢？"前15分钟我拖地，我爱人切菜。中间的15分钟，我去擦窗户，我爱人拖地。最后15分钟，我爱人去擦窗户，我去切菜。"这样，他就把三件事分成了六件事，但是比较忙乱，干了15分钟，突然把菜刀一扔就去擦窗户了，窗户擦一半就去拖地，有点像连环工作。其实，还有比较省事的做法。你没有必要全拆开，只要把中间一件事情分开就好。比如，你把拖地分成15分钟，那么最后15分钟，你爱人接着去切菜就行了，你接着去擦窗户。

同样的人、同样的事、同样的工具，只是做事的次序和方法不同，效果就不一样。这三件事，大部分正常人都可以在45分钟做完。30分钟做完的是比较特殊的少数人，而且结果不一定是菜切得好或者窗户擦得干净。一个小时是我们都能理解的。还有个女孩子说："我们家需要一个半小时。我都不干家务，这三件事都是我老公做。"我就问她："你干嘛？""我就捶捶背，说说话，陪他干活也挺好。"

每个人做事的结果不同，我们还真不能说，谁做这件事的结果就是最好的。刚才的问题是问："完成这三件需要你们两个人工作多长时间？"并没有人问："完成这三件事需要你们两个人最短工作多少时间？"我们平时在工作的时候习惯于做什么事都尽快把它做完。其实，有的时候两个人在一起很温馨，很甜蜜，哪怕是做家务，只要两个人有说有笑，做一个小时、两个小时都没有关系。这个时候，做事的前提就是两个人有非常轻松和谐的气氛。

如果问的是最短需要多少时间完成，无论你是回答45分钟还是半个小时，做事的方式也就不一样了。30分钟完成，需要有特殊才能的人，对人力资源会有很高的要求。45分钟是一种比较正常的完成工作的情况，但是需要精心的规划和准备，把三件事拆开来，避免出现资源闲置的情况。所以，做任何一件事，都是基于一种目的，目的不同，完成事情的方法也就不一样。

项目管理跟我们每个人的工作生活都息息相关。我记得以前学过一篇课文，华罗庚的《统筹方法》，其中提到，一个人起床后需要洗脸、刷牙、烧开水，问怎么做比较好。聪明的人会先把水烧上，然后再洗脸刷牙，等到洗完脸刷好牙水也烧开了。但是有些人就老老实实先洗脸、再刷牙、再烧开水，这样做的时间就比较长。所以，怎样在有限的资源环境、有限的时间内完成同样的工作，就是项目管理的精神。

文强幸福感言

学习项目管理的人来自于企业的各个部门，有人力资源经理，也有财务经理，还包括很多销售人员和营销总监。无论你在哪个部门，哪个岗位，要想“多快好省”地做好一件事，都要掌握一些项目管理知识，人的一生又何尝不是一个项目的管理呢？

11
辛苦过后有幸福

博恩·崔西是世界著名的管理与营销大师。他每次开始一项新业务时，都会设下一个目标，那就是尽快推销到第100个客户为止。

不论有没有成交，只要把产品推销给100个客户，就会有丰硕的回报：

首先，他跟100个客户见过面，并且耐心地听取了他们的问题和批评，他对产品的熟悉程度和客户的熟知度都上升了一个台阶。这些都是一般业务员花上一两年才能明白的道理。

其次，因为他不在乎产品是否能卖得出去，对客户没有那么高的期望和压力，反而更愿意和他交流。自然，他的业绩会大大增长。这也增强了他的自信心。

最后，他发现，那些他曾经推销过，但当时拒绝他的客户，很多都会回过头来向他买东西。因为他没有给客户买东西的压力，当他们需要他卖的东西时，自然就会想起他。

当你的业绩遇到瓶颈，或新的业务年度开始，就可以利用这个“百人销售法”。

戴晨志快乐分享

没有人可以随随便便成功。伯恩·崔西的成功背后有百倍的付出。如果你渴望成功，也要问一问自己：“我能不能接受这份挑战？”或许你说，为什么有那么多人能一夜成名？万一哪天我要交了好运，也能一飞冲天！我不否认运气对有些人的眷顾，但是没有经过努力就得到的东西能维持多久？一旦机会降临，很可能飞得越高，摔得越重，因为你没有厚积薄发的能量支撑。

张爱玲说：“成名要趁早。”但是，成功还是慢慢来得好，只要脚踏实地地走好每一步，成功哪怕来得晚一点也不怕，因为那份喜悦是发自心底的，并不茫然，不惊恐，而是水道渠道，瓜熟蒂落的事。那时的你，有足够的贮备，可以将成功延续下去。

或许你没有很高的学历，没有姣好的容貌，没有雄厚的家庭背景，但只要有努力就好。“若要人前显贵，就要人后受罪。”在成长过程中，我们不知道以后的使命是什么，至少我壮大自己，我看好自己，永远不小瞧自己。

辛苦过后有幸福。辛和幸就差那么一点点。奋斗的路上荆棘满途，受挫的时候我们或许很沮丧，很生气，很愤怒，但不要放弃。台风过后，没有蜘蛛网是完整的，蜘蛛并没有气馁，它只是不断地织网，重新编织梦想。十几年前，我跟一个大公司的老总吃饭时，他跟我说：“我妈妈曾经跟我说，踏入社会以后永远要记得，不要自认为你是大材小用。否则，你会觉得老板亏欠我，公司亏欠我，别人都亏欠我。你要自认为小材大用，要谦卑一点，不断地跟主管，跟前辈来学习。”

宁可辛苦一阵子，不要辛苦一辈子。我们尽量不要让自己生气，要靠努力去赢。“赢”字左下角是个“月”字，要赢得精彩的人生，你就要日积月累、披星戴月，朝着自己的目标不断前进。“赢”的上面是“亡”和“口”，就是要我们闭上嘴巴，不要东家长西家短。很多人就像鸭子一样，每天在台下叽叽喳喳，可请他站到台上可能一句话都说不出来。不要当鸭子，要当老鹰，飞得高，眼睛锐利，看准了某个猎物，就能迅速地把它抓起来。

文强幸福感言

只要努力做事，认真生活，就是走在成功与幸福的路上。

12
学会捕捉信息

两个美国人到欧洲去玩，向街头的画家买画。

第一个美国人问画家："这幅画多少钱？"

画家说："15 美元。"

讲完，他看那个美国人没反应，接着说："15 美元是黑白的，如果你要彩色的话是 20 美元。"

讲完，他看那个美国人还没反应，于是说："如果你连框都带回去的话，是 30 块美金。"

最后，第一个美国人花了 30 美元连彩色画带框一起买了回去。

第二个美国人也去问那个画家："这幅画多少钱？"

画家同样回答："15 美元。"

这个美国人立刻发飙："你不比人家画得好还 15 美元呢，隔壁才卖 12 美元。"

画家赶紧说："15 美元本来是黑白的，那这样，彩色的算你 15 美元好啦！"

那个美国人继续骂道："唉，我刚才就是问彩色的，谁问你没画完的黑白的了。"

画家又让步了，最后，这个美国人花了 15 美元连彩色带框都买回去了。

刘必荣快乐分享

买同样一个东西，第一个美国人花了 30 美元，第二个美国人只花了 15 美元，为什么？因为画家本来就没有底！所以，他也是推推看。推第一个，人家没反应，于是继续推下去；第二有反应，那就收回来。你是否也有过类似的购物体验？这就是生活中的智慧。

美国人做过这样一个实验，他们把上过谈判课的人分成两组去买东西，第一组面无表情，第二组表情惊讶。后来发现，表情很惊讶的那一组成交价都比较低。所以，他们总是半开玩笑地讲："早上起来，男生刮胡子或者女生梳头的时候，不妨对着镜子做点鬼脸。如果你很自然地就能做出鬼脸的话，那么到外面买东西时表现很惊讶的表情，才不会太突兀。"这一招我试过很多次，屡试不爽。每一次对方一说出价钱，我就摆出很惊讶的样子，对方立刻就打了八折。

男生追女生的时候，都想寻求资讯。当你要寻找资讯的时候，其实对方也给了你一些信息。你牵女孩的手，就是在问她："你喜不喜欢我？"同时也在告诉她："我中意你，我喜欢你！"女孩的手被你牵到，其实她也跟你交换了信息。她让步本身是在告诉你："我也不讨厌你！"所以，女生在交男朋友的时候，要看看什么时候被人家牵到手，一次是一指二指，还是一"失手"一把都给了他，每一个动作得到的信息是不一样的。

很多人把谈判沟通想得太紧张，就差没斋戒沐浴了。你搞得那么紧张，怎么可能谈得好？你一次没谈成，可以接着谈。就像一次没牵到女孩的手，再牵一次或许就牵到了。好的谈判者不能害怕谈判。因为，人的想法是会变的，人家今天不买你的东西，不等于明天也不买，你要贴着他，看情形而定。

文强幸福感言

把每一次沟通，都看成谈恋爱的一种演练，自然能找到其中的乐趣与诀窍。

13 思想阵地，你不占领就会被别人占领

一位哲人问他的三个学生："如果有一块空地，如何让这个地方不长杂草？"

思忖片刻，他们得出了自己的答案。

第一个学生回答："拔草除根。"

第二个学生答道："洒满石灰让杂草不再生长。"

第三个学生说："一旦有杂草，就放火烧掉。"

听完学生的回答，哲人连连摇头。

学生们很疑惑，问道："老师，您要用什么办法解决这个问题呢？"

哲人笑了笑，说："这个问题的答案，我要等到明年再告诉你们。"

但半年之后，哲人去世了。学生们悲伤之余更加疑惑，因为老师留给他们一个未解的谜题。有一天，在整理老师的笔记时，学生们发现了这样一段话："要想让空地不长杂草，最好的办法是在这块土地上种庄稼。"

此时，他们才恍然大悟。

韩增海快乐分享

庄稼为什么可以战胜杂草？因为庄稼的生命力更强。其实工作和生活中，无论你是管人者还是被管着，抑或二者兼有，都要了解管理到底是怎么回事，才能更好地管理你的团队，经营你的家庭。

老子在《道德经》中提到“太上，不知有之”，就是说，最好的管理是别人好像不知道你的存在，但是你又无处不在。中国的企业家里面，我觉得有个人能达到这种境界，就是万科的王石。他周游世界，登峰探险，但万科依然在平稳增长。他是通过什么来管理企业的呢？通过思想。

管理好员工的行为，一般能发挥他们 50% 的潜能，而另外的 50% 要靠思想管理来实现。人的思想有积极与消极之分。思想管理的核心，就是如何让下属的积极思想越来越多，而消极思想越来越少。毛泽东说过，思想这块阵地，你不占领就会被别人占领。可怎么来占领呢？

想让员工的脑子不长“杂草”，就要在里面种“庄稼”。很多人问：“老师，我怎么把庄稼种进去呢？”首先，种庄稼要先有种子，就是我们企业的价值观、企业的文化和理念，还包括一些员工的优秀表现。对于家庭而言，就是治家的“方针大略”，“约法三章”。

很多管理者喜欢把自己和下属搞成对立面，那么他们会有什么反应？“你这么说都是为了你自己，我又得不到什么好处。”如果环境让他很压抑，就等于扼杀了他的创造力。他只完成你布置下来的任务，质量还欠佳。你问他有何想法，他摇摇头；问他工作上有没有需要提升的地方，他又摇摇头。这就是培养机器人，培养僵尸，这个时候，你的思想管理就有了问题。思想管理不是控制员工的思想，而是给员工一个平台，让他去展示、去学习。

文强幸福感言

团队或者家庭成立之初，或者有新成员加入时，都是“种庄稼”的良好契机。同时，还要审视一下自己的“种子”是否坚强有力。

14
找到最适合你的减压术

距离2012年4月7日的香港国际枕头大战日还有一周的时间，香港皇后像广场就已经热闹非凡。几百个“枕头”爱好者相约而至，他们身上的睡衣五颜六色，甚是独特。随着身穿绿色浴袍的组织者格伦迪（Tom Grundy）一声令下，枕头大战就开打了。

不分男女老少，管他东南西北，众人都拿出家家户户必备的兵器：软绵绵的枕头全力进攻，现场除了尖叫声还是尖叫声。

虽然兵器软趴趴，可是武林高手一大堆。男生一招一式很是威风，架势十足。也别小看平常斯斯文文的女生，打起来手下也不留情。她们舍弃了平时努力维护的形象，披头散发也打得起劲。有的东打一下，西打一下，有的则和周围的几位扭打成一团，边打边大呼过瘾。体力不足者，稍微恍惚一下，马上就会被人突袭。

大家愈打愈激烈，枕头肚子的棉絮飞满天，好像这欢快的气氛也随之逐渐膨胀，扩散开来。

吴娟瑜快乐分享

这是非常成功的一个调节情绪、舒缓压力的活动。虽然参与者大多互不相识，但是通过这种愉快的方式，大家一起把负面的情绪赶跑，让快乐的氛围把每个人都包围起来。

这个国际枕头战日是在美国创立的，2012年第二次在香港举行，其目的就是让繁忙的都市人放松一下身心。我们每个人都有压力，都有情绪不佳的时候，但未必每次都能汇聚很多人一起来释放情绪，所以找到适合自己的减压方式非常重要。

有一次，一家科技公司邀请我去演讲，我到了以后一位小姐对我说："吴老师，您弄错了吧，您这个演讲我们改时间了，您怎么不知道？"我也一下子愣在了那里："对啊，我的秘书怎么没跟我讲？"那位小姐说："吴老师，听说您是压力管理、情绪管理的专家。原来，你也会生气啊。"听到这句话，我很尴尬，人家把我当专家，结果自己暴露了缺点。但是，谁能说自己一辈子都不生气呢？我也坦诚地说："我正在调整、赶快调整。"在电梯里，我对自己说："太棒了，别人没有跑错地方，只有我跑错地方。"出了电梯，我的整个心情就好了。

当自己的情绪受到影响时，我们要有一些简单的方法能快速调整过来，让你的压力减到最低。我讲两个方法给大家参考。

第一，适度地说"NO"。有些人不好意思拒绝人家，"好，我帮忙。""我来，这个没问题。"称的太多，就会让自己的压力太重。所以，有时候要适度地说："很抱歉，这件事如果要完成的话，今天下班前有困难。如果你着急，可不可以找另外一个同事帮忙？如果可以慢一点，我明天下午2点以前完成，可以吗？"透过沟通或者信息的传递，勇敢地告诉人家："我有困难。"

第二，找到生命中最快乐的事是什么。有一位女士最近工作任务重，压力很大，不知道该怎么办才好。她就问自己，从小到大我什么时候最快乐？她找到了一个关键点。她7岁左右跟父母去了美国，她家的屋子外面有草坪，她记得那时爸爸妈妈让她在草坪上跑，那个跑步的感觉给她留下了快乐的记忆。所以，她就决定从第二天开始早上起床去上班时穿布鞋，拎着高跟鞋到办公室换，下了班再换成布鞋，走到附近的体育馆去做运动。就这样，她把那个快乐的感觉重新找了回来。

文强幸福感言

你一定也有简单的快乐的记忆，那就把它找回来吧。

15

稻盛和夫的“成功方程式”

21 岁那年，郭德纲满怀梦想到北京拜师学艺，却四处碰壁。不久，他和几个朋友成立了一个小俱乐部，勉强维持生计。

每当夜幕降临，别人都早早回到温暖的家，而他仍旧站在空荡荡的舞台上反复练习新学的段子，直到练得嗓子有些嘶哑，舌头不住地打战才停下来。朋友们劝他：“不就是为了混口饭吃嘛，至于这么拼命吗？”

但他仍旧拼命地背诵、练习各种各样的传统段子。整整一年，他没看过一场电影，没逛过一次街，却能将 600 多个传统段子收放自如地表演出来。有一次，他仍像平时一样练习到深夜才骑着自行车回家。可刚骑出没多远，自行车坏了。午夜的街道清冷了许多，公交车已经停运，而他口袋里连打车的钱也不够。考虑到第二天下午还有一场重要的演出，他便脚一跺，牙一咬，把自行车扔在路边，硬着头皮向郊外的出租屋走去。

当时正值秋雨绵绵的季节，天色微微发亮的时候他才回到住处，浑身上下湿漉漉的。头晕目眩的他一头栽倒在床上，发起了高烧。他勉强支撑起身体，翻箱倒柜地找出一个破传呼机，拿到街上卖了 10 多块钱，买了两个馒头和几包感冒药，硬是挺了过去。

下午，当面色蜡黄的他赶到演出地点的时候，他的搭档吓了一跳，连忙问他出了什么事。他笑着讲述了昨晚的遭遇。看着他憔悴的面庞，搭档的眼眶湿润了，轻轻拍了拍他的肩膀，什么也没说，搀扶着他走上了台。

一无所有的他硬是凭着对相声艺术的热爱和一如既往地努力在竞争激烈的北京站稳了脚跟，红透了大江南北。有记者问他为什么能坚持到现在，他微笑着回答："我小的时候家里穷，家里没伞，在学校一下雨别的孩子就站在教室里等伞。可我就顶着雨往家跑。没伞的孩子你就得拼命奔跑！像我们这样没背景、没家境、没关系、没金钱的人，你还不拼命工作，拼命奔跑，那活着还有什么意思？"

陈兆杰快乐分享

每个成功者背后都有一段辛酸的往事，但回忆起那段岁月，他们却心生感激。因为，那是成功必须走过的路！成功不是对天才的注解，他属于我们普通人，只是需要你爱上所做的事，并且爱得疯狂。

央视的一期《对话》节目邀请到了被称为日本"经营之圣"的稻盛和夫。他是京瓷和KDDI两家世界500强企业的缔造者，并于79岁高龄以零薪水出任日航的董事长，仅用一年的时间就使它起死回生。这个赤字曾高达一万亿、两万亿日元的破产企业仅仅过了短短一年时间就获得了1880亿日元利润。

对于成功的界定，很多人都在探寻，稻盛和夫却有一个简单的衡量方式：

成功＝人格理念（－100～+100）×能力（0～100）×努力（0～100）

他这样解释道："我小时候不太爱学习，头脑不太聪明，能力并不出众，只是普通的水平。能力从0～100分打分的话，我认为我的能力也就60分而已。那能力平凡的人怎样才能在人生中取得不平凡的成功呢？于是我就用热情，用拼命努力来弥补，无论身处何种环境，我都做出加倍于常人的努力。我认为，人可以通过自己的意志、努力，把热情提高到80分、90分。两者相乘，这个分数就会变得很高。人们持有的理念、价值观，也可称为思维方式或哲学，是从负100分到正100分，比如，某人想通过当盗贼来取得成功，不停地干坏事，他的理念价值观就是负数，如果他也很聪明，也在努力干，但因为他干的是偷盗，人格理念是负数，三个要数相乘，结果却是一个很大的负数。所以，做人一定要有正确的价值观、理念，要认真，要诚实。我快80岁了，我一生努力至今，我觉得我的人生结果正如这个方程式表述的一样。"

这个简练而朴素的"成功方程式"正是稻盛经营哲学的核心。稻盛和夫用他敬天爱人的大爱情怀，和努力拼搏的精神，向我讲述着何为传奇与神话。

文强幸福感言

按照这个方程式，给自己打打分，看看你的成功有几何？

读石油版书，获亲情馈赠

亲爱的读者朋友，首先感谢您阅读我社图书，请您在阅读完本书后填写以下信息。我社将长期开展“读石油版书，获亲情馈赠”活动，凡是关注我社图书并认真填写读者信息反馈卡（复印有效）的朋友都有机会获得亲情馈赠，我们将定期从信息反馈卡中评选出有价值的意见和建议，并为填写这些信息的朋友免费赠送一本好书。

《让幸福来敲门：快乐地工作，幸福地生活》

1. 您购买本书的动因（可多选）：

☐ 书名　☐ 封面　☐ 内容　☐ 价格
☐ 装帧　☐ 纸张　☐ 双色印刷
☐ 书店推荐　☐ 朋友推荐　☐ 报刊文章推荐
☐ 作者　☐ 出版社　☐ 其他 ____________

2. 您在哪里购买了本书（若是书店请写明书店地址和名称）？

____________________ 购书时间 ____________

3. 您是怎样知道本书的（可多选）？

☐ 报刊介绍 ____________（报刊名称）　☐ 朋友推荐 ____________
☐ 网站 ____________（网站名称）　☐ 书店广告 ____________
☐ 书店随便翻阅　☐ 其他 ____________

4. 您对本书印象如何（可多选）？

封面：☐ 新颖　☐ 吸引眼球　☐ 一般，没创意　☐ 不适合本书内容
内容：☐ 丰富　☐ 有新意　☐ 一般　☐ 较差
排版：☐ 新颖　☐ 一般　☐ 太花哨　☐ 较差
纸张：☐ 很好　☐ 一般　☐ 较差
定价：☐ 太高　☐ 有点高　☐ 合适　☐ 便宜

5. 您对本书的综合评价和建议（可另附纸）：

____

____

● 您的资料：

姓名 ________ 性别 ________ 年龄 ________ 职业 ________
学历 ________ 电话(写明区号) ____________ 手机 ________
电子邮件 ____________________ 邮编 ________
通信地址 ____________________

● 我们的联系方式：

地　　址：北京安定门外安华西里3区18号楼1004　王昕
邮　　编：100011　E-mail：good9112@126.com　litinglu999@126.com
销售部电话：010-64523603　64255593　编辑部电话：010-64523616　64523611